# Firefly（萤火虫）全面贯通

以文生图+创意填充+文字效果+颜色生成

周玉姣◎编著

清華大学出版社
北京

## 内 容 简 介

本书涵盖9大专题内容、120多个知识点，主要介绍了Adobe Firefly AI的基本功能、以文生图、创意填充、文字效果、图形着色、综合案例等，帮助读者一步步全面精通Adobe Firefly AI的绘画核心技术。

本书设计了120多个典型案例并录制了100多分钟讲解视频，读者可用手机扫描二维码观看，同时还随书赠送了100多组AI绘画提示词、600多张精美插图、210多个素材效果文件等资源，让读者轻松学会填充、文字、着色、插画、建筑、风光等的AI效果制作。

本书内容讲解精辟，实例风趣多样，图片精美丰富，适合以下人员阅读：一是AI绘画爱好者、AI画师、AI摄影师；二是游戏角色原画师、新媒体运营人员、插画师、设计师、电商美工人员、影视制作人员。本书还适合作为相关培训机构、职业院校的参考教材。



**图书在版编目(CIP)数据**

Firefly（萤火虫）全面贯通：以文生图+创意填充+文字效果+颜色生成 / 周玉姣编著. -- 北京：清华大学出版社, 2025. 1.

ISBN 978-7-302-67837-3

Ⅰ. TP391.413

中国国家版本馆CIP数据核字第2024F84D06号

**责任编辑：**韩宜波
**封面设计：**杨玉兰
**责任校对：**翟维维
**责任印制：**杨　艳
**出版发行：**清华大学出版社

网　　址：https://www.tup.com.cn，https://www.wqxuetang.com
地　　址：北京清华大学学研大厦A座　　邮　　编：100084
社 总 机：010-83470000　　邮　　购：010-62786544
投稿与读者服务：010-62776969，c-service@tup.tsinghua.edu.cn
质 量 反 馈：010-62772015，zhiliang@tup.tsinghua.edu.cn

**印 装 者：**三河市龙大印装有限公司
**经　　销：**全国新华书店
**开　　本：**190mm×260mm　　**印　　张：**13.25　　**字　　数：**318千字
**版　　次：**2025年1月第1版　　**印　　次：**2025年1月第1次印刷
**定　　价：**99.00 元

---

产品编号：105008-01

# 前言
# PREFACE

## 写作驱动

Firefly（萤火虫）是 2023 年 3 月 22 日 Adobe 推出的创意生成式 AI，可由文字生成图像内容。萤火虫允许内容创作者使用自己的文字来生成图像、音频、插图、视频和 3D 图像。目前，Firefly 已经集成在 Adobe 组件中，与 Photoshop、Illustrator 等软件一起提供给大家使用。

Firefly 是 Adobe 产品中新的创意生成 AI 模型系列，它专注于图像和文本效果生成。Firefly 将提供构思、创作和沟通的新方式，同时能显著改善创意工作流程。

本书以 Firefly AI 智能绘画指令与范例为主题，带领读者深入了解 Firefly AI 智能绘画的实际应用技巧，掌握运用各种 AI 指令生成绘画内容的方法。

## 本书特色

**1. 40 多个温馨提示放送**。作者在编写时，将平时工作中总结的软件各方面的实战技巧、设计经验等毫无保留地奉献给读者，不仅大大提高了本书的含金量，还方便读者提升对软件的实战技巧与经验，从而大大提高读者的学习与工作效率。

**2. 120 多个技能实例奉献**。本书通过大量的技能实例来讲解软件，这些技能实例共计 123 个，包括软件的基本操作、以文生图、创意填充、文字效果、图形着色等内容，帮助读者从新手入门到后期精通。实例通俗易懂，可帮助读者全面吸收知识点，让学习更高效。

**3. 100 多分钟视频演示**。本书的软件操作技能实例，全部录制了带语音讲解的视频，重现书中所有实例操作，读者可以结合书本，也可以独立地观看视频演示，像看电影一样进行学习，让学习更加轻松。

**4. 100 多组 AI 关键词奉送**。为了方便读者快速生成相关的 AI 画作，特将本书实例中用到的关键词进行了整理，一共 107 个，统一赠送给读者。读者可以直接使用这些关键词，快速生成与书中实例效果相似的 AI 画作。

**5. 210 多个素材效果奉献**。随书附送的资源中包含了 156 个素材文件、54 个效果文件，各种素材和效果文件应有尽有，供读者使用。

**6. 600 多张图片全程图解**。本书采用了 600 多张图片对软件技术、实例讲解、效果展示等进行了全程式的图解。这些清晰的图片，让实例的内容变得更通俗易懂，使读者可以一目了然、快速领会、举一反三，从而制作出更多精彩的视频文件。

## 特别提醒

**1. 版本更新**。本书在编写时，是基于当前的各种AI工具和软件的界面截取的实际操作图片，但本书从编辑到出版需要一段时间，在这段时间内这些工具的功能和界面可能会有变动，希望读者在阅读时，根据书中的思路进行学习，并做到举一反三。

**2. 关键词的使用**。Firefly支持中文和英文关键词，同时对于英文单词的格式没有太多要求，如首字母大小写不用统一、单词顺序不用太讲究等。但需要注意的是，每个关键词中间最好添加空格或逗号。最后再提醒一点，即使是相同的关键词，Firefly每次生成的图像内容也会有差别。

关键词、视频、素材及效果

## 版权声明



## 本书作者

本书由周玉姣编著，参与编写的人员还有向航志等人，在此一并表示感谢。由于作者知识水平有限，书中难免有疏漏之处，恳请广大读者批评、指正。

编　者

# 目 录
CONTENTS

CONTENTS目录

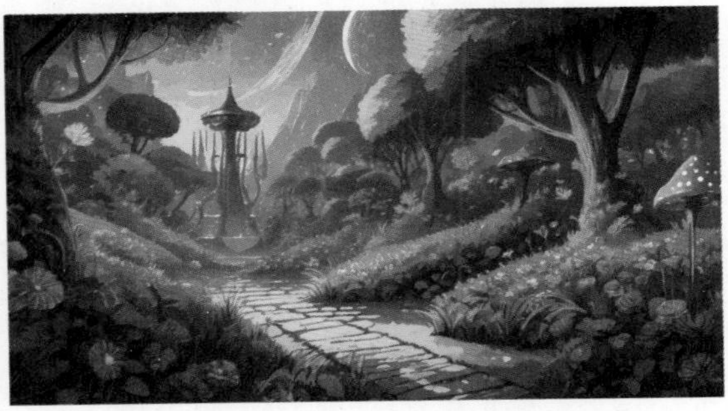

# 第1章 从零开始，了解功能

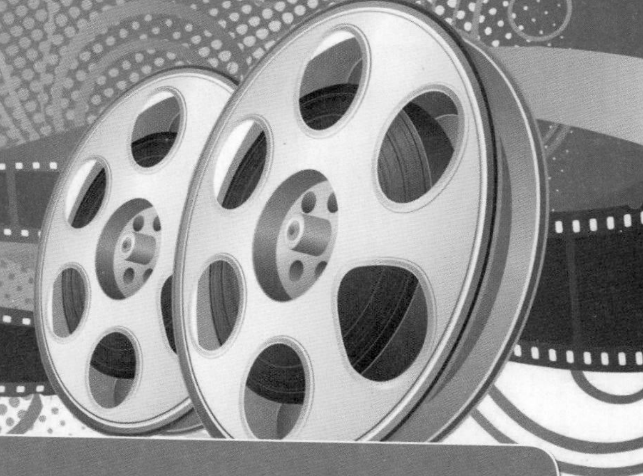

## 章前知识导读

Firefly（萤火虫）是一款2023年3月面世的AI绘图工具，该绘图工具的用户通过自然语言就能快速生成文本、图片以及特效等内容。本章将向读者介绍Firefly的基础知识。

## 新手重点索引

- 初识Firefly
- Firefly的核心功能
- Firefly的应用场景

## 效果图片欣赏

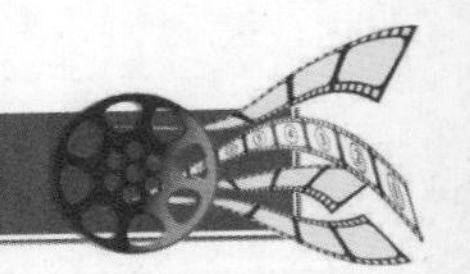

## 1.1 初识 Firefly

Firefly 是 Adobe 产品中新的创意生成 AI 模型系列，它最初专注于图像和文本效果生成。使用 Firefly 可以根据需求快速生成图像效果，这样不仅提高了工作效率，还节约了人力资源成本，使用户可以专注于更具创造性和战略性的工作。本节将介绍 Firefly 的一些基础知识，让用户对 Firefly 更加了解。

### 1.1.1 什么是 Firefly

Firefly 是一款创意生成式 AI（Artificial Intelligence，人工智能）工具，它可以用于合成、改进和增强图像。Firefly 通过生成对抗网络（GANs）等技术，可以创建逼真的图像、增强图像质量，甚至修复损坏或模糊的图像。图 1-1 所示为 Adobe Firefly 主页中的相关绘图功能。

图 1-1　Adobe Firefly 主页中的相关绘图功能

### 1.1.2 Firefly 的特点

与传统的绘图创作不同，AI 绘图的过程和结果都依赖于计算机技术和算法，它可以为艺术家和设计师带来更高效、更精准、更有创意的绘图创作体验。

AI 绘图已经成为了数字艺术的一种重要形式，它涵盖了各种技术和方法，它的优势不仅仅在于提高创作效率和降低创作成本，更在于它为用户带来了更多的创造性和开放性，推动了艺术创作的发展。

Adobe Firefly 的 AI 绘图功能具有快速、高效、自动化等特点，它的技术特点主要在于其能够利用人工智能技术和算法对图像进行处理和创作，实现艺术风格的融合和变换，提升用户的绘图创作体验。

图 1-2 所示为在 Adobe Firefly 中通过“文字生成图像”功能输入中文关键词生成的创意类风光图像。

图 1-2　在 Adobe Firefly 中生成的创意类风光图像

**专家指点**

使用 Adobe Firefly 的 AI 绘图功能，可以激发用户的创造力。计算机可以通过学习不同的艺术风格，产生更多新的、非传统的艺术作品，从而为用户提供新的灵感和创意。

### 1.1.3　Firefly 的优点

Adobe 公司作为拥有一系列设计工具产品的巨头，其实早已将 AI 图像生成技术融入其软件，而 Adobe Firefly 的出现将这项技术提升到了一个全新的水平。

与现有的 AI 生成工具相比，Adobe Firefly 会更加开放 AI 模型所使用的数据，使用起来也相对容易上手。图 1-3 所示为在 Adobe Firefly 中通过“文字生成图像”功能输入中文关键词生成的艺术类插画图像。

图 1-3　在 Adobe Firefly 中生成的艺术类插画图像

### 1.1.4　如何使用 Firefly

在了解了 Firefly 的基本功能后，接下来将继续讲解如何使用 Firefly。下面向大家详细介绍使用 Firefly 的操作方法。

扫码看视频

**STEP 01** 首先需要打开浏览器，输入网址后进入 Firefly 的官网，在 Firefly 主页的右上角单击“登录”按钮，如图 1-4 所示。

图 1-4　单击“登录”按钮

**STEP 02** 随后进入 Firefly 的登录页面，单击“创建帐户”超链接，如图 1-5 所示。

> **专家指点**
>
> 用户可以使用自己的电子邮箱账号进行注册，如果没有邮箱账号，可以使用 QQ 账号创建电子邮箱，然后使用 QQ 邮箱进行账号的注册。

图 1-5　单击“创建帐户”超链接

**STEP 03** 在下方的输入栏中输入自己的邮箱账号，并设置一个密码，然后单击“继续”按钮，如图 1-6 所示。

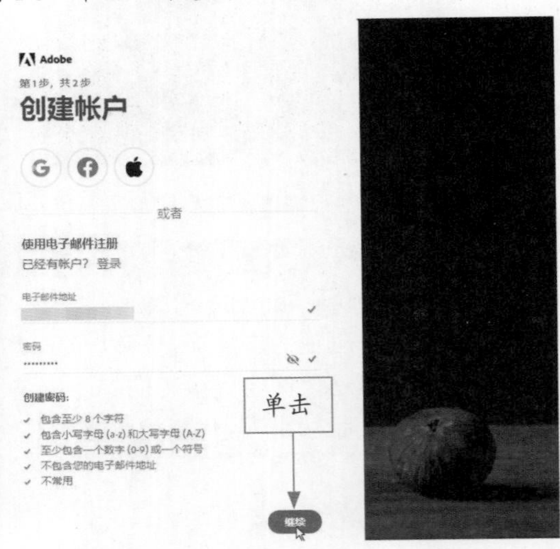


图 1-6　单击“继续”按钮

STEP 04 输入姓名和出生日期，然后单击“创建帐户”按钮，即可创建 Firefly 账号，如图 1-7 所示。

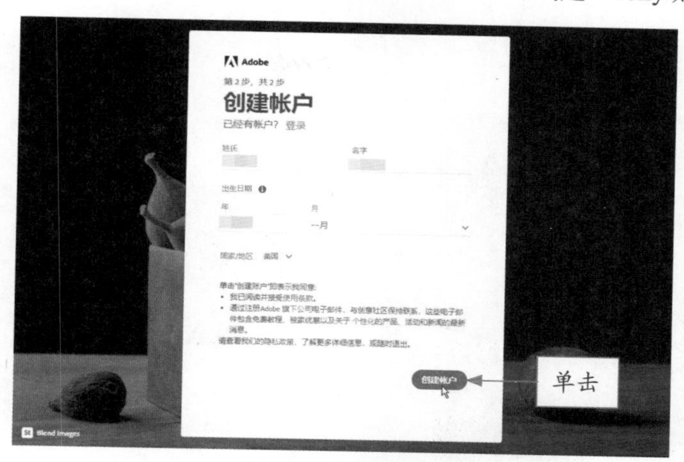


图 1-7　单击“创建帐户”按钮

## 1.2 Firefly 的核心功能

在 Adobe Firefly 主页中，有几个非常实用的 AI 绘图功能，如“文字生成图像”“创意填充”“文字效果”以及“创意重新着色”，本节将对这几个功能进行简单介绍，让用户能够对 Firefly 更加深入地了解。

### 1.2.1 文字生成图像

在 Adobe Firefly 中，“文字生成图像”的主要功能是通过输入详细的文本描述生成各种需要的图像画面。在 Adobe Firefly 主页中单击“文字生成图像”右侧的“生成”按钮，进入“文字生成图像”页面，如图 1-8 所示，其中显示了许多设计师的 AI 作品。页面下方有一个文本输入框，在其中输入相应的中文描述，然后单击右侧的“生成”按钮，即可快速生成一幅符合描述的图像画面，该功能可以大大提高 AI 绘图师的作图效率。

图 1-8　“文字生成图像”页面

图 1-9 所示为输入关键词“大草原，彩虹，鸟语花香，阳光明媚，一座木屋”后生成的 AI 图像。

图 1-9　使用“文字生成图像”功能生成的 AI 图像

**专家指点**

Firefly 会根据用户所输入的关键词进行图像的生成，如果用户对生成图像中的某一元素不满意，可以对关键词进行调整。例如用户不想让画面中出现木屋，可以将关键词中的“一座木屋”删除后进行重新生成。

## 1.2.2　创意填充

在 Adobe Firefly 中，“创意填充”的主要功能是使用画笔移除图像中不需要的对象，然后从文本描述中绘制新的对象到图像中。在 Adobe Firefly 主页中单击“创意填充”右侧的“生成”按钮，进入“创意填充”页面，如图 1-10 所示。

图 1-10　“创意填充”页面

页面上方显示了提示语“使用画笔移除对象，或者绘制新对象”，单击“上传图像”按钮，用户可以上传一张图片进行绘图。图 1-11 所示为原图与重新绘制对象后的图像效果。

图 1-11　原图与重新绘制对象后的图像效果

**专家指点**

关于创意填充，一共有三个操作方向。

- 删除：可以根据涂抹的区域，删除画面中的元素，同时还能保证画面不受影响。
- 插入：可以根据涂抹的区域，在画面中添加元素，匹配原图风格、色调和内容等。
- 抠图：可以根据提示词生成新的背景或主体。

### 1.2.3 文字效果

“文字效果”的主要功能是使用相应的文本提示将艺术样式或纹理应用于文本上，制作出独一无二的文字艺术特效，该功能适合需要制作文字广告的设计师使用。在 Adobe Firefly 主页中单击“文字效果”右侧的“生成”按钮，进入“文字效果”页面，如图 1-12 所示，其中显示了许多设计师创作的 AI 文字效果。

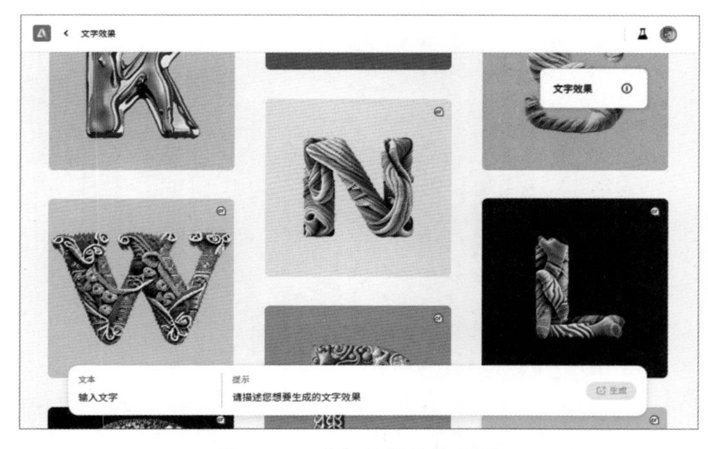


图 1-12　“文字效果”页面

页面下方有一个文本输入框，在其左侧输入需要生成的文字内容，在右侧输入相应的描述内容，用来描述文字的样式或纹理效果，然后单击“生成”按钮，即可快速生成一幅符合要求的 AI 文字效果，如图 1-13 所示。

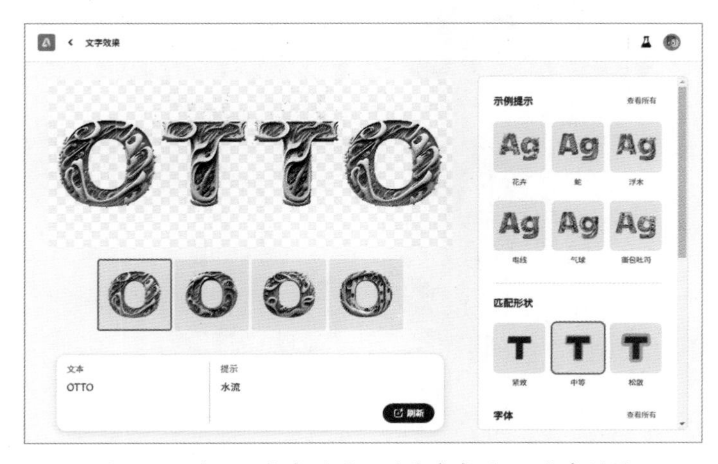


图 1-13　使用“文字效果”功能生成的 AI 文字效果

**专家指点**

在使用“文字效果”功能时，要注意提示词不能太过复杂，在多个提示词并列的情况下，生成的结果一定是以第一个提示词为基准的。“文字效果”功能的可用性很强，可以用来制作花字、图标以及海报等艺术作品。

### 1.2.4 创意重新着色

“创意重新着色”的主要功能是通过输入详细的文本描述来生成矢量图的颜色变体。在 Adobe Firefly 主页中单击“创意重新着色”右侧的“生成”按钮，进入“创意重新着色”页面，如图 1-14 所示，其中显示了许多 AI 矢量图作品。

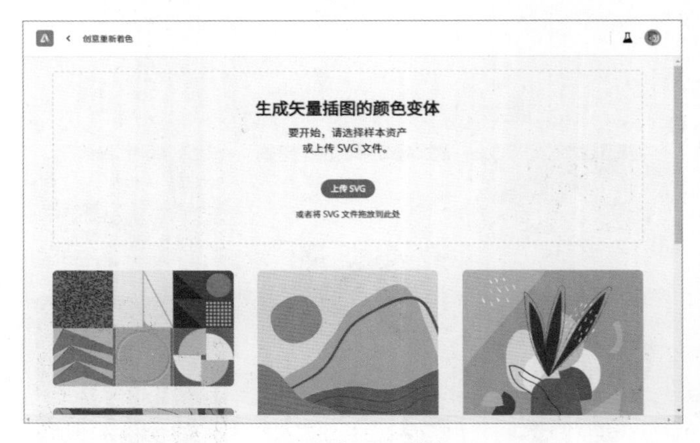


图 1-14 “创意重新着色”页面

页面上方显示了提示语“生成矢量插图的颜色变体”，单击“上传 SVG”按钮，用户可以上传一张 SVG 矢量图来进行创意重新着色。图 1-15 所示为重新着色后的矢量图效果。

图 1-15 重新着色后的矢量图效果

## 1.3 Firefly 的应用场景

Adobe Firefly AI 绘图不仅可以用于生成各种形式的艺术作品，包括数字艺术、素描、水彩画、油画等，还可以用于自动生成艺术品的创作过程，从而帮助绘图师更快、更准确地表达自己的创意。Firefly 的应用领域也越来越广泛，包括图像设计、文化艺术、虚拟现实、游戏开发以及虚拟模特等。本节将对 Firefly 的应用领域进行介绍。

### 1.3.1 图像设计

Adobe Firefly AI 绘图技术可以帮助设计师和广告制作人员快速生成各种平面设计和宣传资料，还能帮助室内设计师生成各种室内图纸，减少人工设计的时间和成本。图 1-16 所示为使用关键词“耳机广告宣传图”生成的广告海报图像效果。

图 1-16　使用关键词“耳机广告宣传图”生成的广告海报图像效果

使用 Adobe Firefly 中的“文字效果”功能，可以一键生成不同的文字字体效果，用来制作广告文字非常合适。例如，在“文字效果”页面的左侧输入字母 V，在右侧输入文本描述“水银液滴”，单击“生成”按钮，即可将字母 V 生成类似水银液滴的艺术字体效果，如图 1-17 所示。

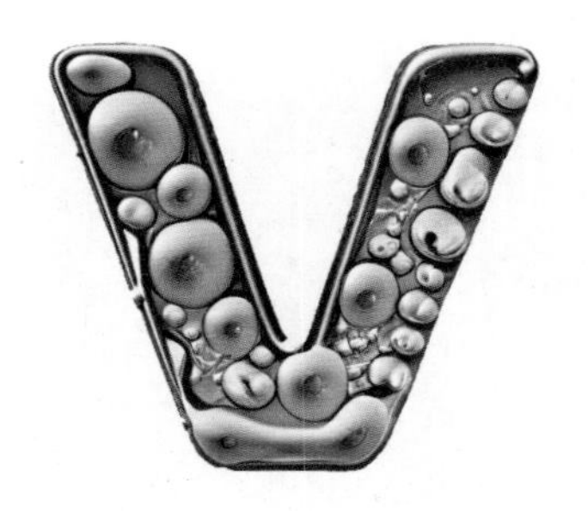

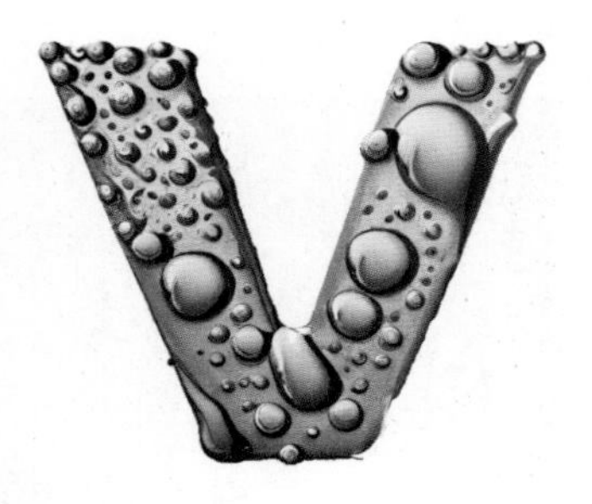

图 1-17　将字母 V 生成类似水银液滴的艺术字体效果

另外，在服装设计领域，使用 Adobe Firefly 还可以自动生成不同的纹理、图案和颜色，帮助设计师进一步优化产品的设计方案，如图 1-18 所示。

图 1-18　Adobe Firefly 在服装设计领域的应用

## 1.3.2　文化艺术

Adobe Firefly AI 绘图的发展对于文化艺术的推广有着重要的作用，它推动了文化艺术的创新。Firefly 可以为设计师提供更多的灵感和创作空间，使设计师利用 AI 绘图的技术特点，创作出具有独特性的数字艺术作品，如图 1-19 所示。

图 1-19　Adobe Firefly 在文化艺术领域的应用

此外，Firefly 还能够自动将照片转换为不同绘画风格的图像，如“照片”“图形”以及“艺术”等风格，其绘画风格的多样性令人惊叹，如图 1-20 所示。

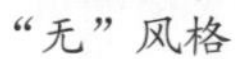
“无”风格

“照片”风格

图 1-20　将照片转换为不同绘画风格的图像

“图形”风格

“艺术”风格

图 1-20 将照片转换为不同绘画风格的图像（续）

▶ 专家指点

从 Adobe Firefly 的不同绘画风格中，我们可以看出，“照片”风格类似于真实的照片效果，“图形”风格中添加了多种绘画样式，“艺术”风格中又增加了一些艺术效果，用户可根据自己的实际需要选择相应的图像风格。

### 1.3.3 虚拟现实

Adobe Firefly 为虚拟现实技术带来了更多的想象空间，可以帮助电影和动画制作人员快速生成各种场景和进行角色设计，以及进行特效和后期制作。

图 1-21 所示为使用 Adobe Firefly 生成的电影场景画面，这些电影场景图可以帮助制作人员更好地规划电影和动画的场景。

图 1-21 使用 Adobe Firefly 生成的电影场景画面

图 1-22 所示为使用 Adobe Firefly 生成的角色设计图，这些角色设计图可以帮助制作人员更好地理解角色，从而精准地塑造角色形象并赋予角色独特的个性。

Adobe Firefly 不仅可以生成角色设计的效果图，还可以生成概念图和分镜头草图，以便更好地规划后期制作流程。图 1-23 所示为使用 Adobe Firefly 生成的分镜头草图。

图 1-22　使用 Adobe Firefly 生成的角色设计图

图 1-23　使用 Adobe Firefly 生成的分镜头草图

运用 Adobe Firefly 的 AI 绘图技术还可以生成各种画面特效，如烟雾、火焰、水波等，从而提高电影和动画的视觉效果。图 1-24 所示为使用 Adobe Firefly 生成的火焰特效。

图 1-24　使用 Adobe Firefly 生成的火焰特效

### 1.3.4　游戏开发

运用 Adobe Firefly 的 AI 绘图技术可以帮助游戏开发者快速生成游戏中需要的各种艺术资源，如游戏场景、人物角色、纹理等图像素材。

Adobe Firefly 可以生成游戏中的背景和环境，如城市街景、森林、荒野、建筑等，如图 1-25 所示。这些场景可以使用 GAN（全称为 Generative Adversarial Network，中文为生成对抗网络）生成器或其他机器学习技术快速创建，并且可以根据需要进行修改和优化。

图 1-25　使用 Adobe Firefly 生成的游戏场景画面

Adobe Firefly 的 AI 绘图技术可以用于游戏角色的设计，如图 1-26 所示。游戏开发者可以通过 GAN 生成器或其他技术快速生成角色草图，然后使用传统绘图工具进行优化和修改。另外，纹理在游戏中也是非常重要的一部分，Adobe Firefly 的 AI 绘图技术可以用于生成高质量的纹理，如石头、木材、金属等。

图 1-26　使用 Adobe Firefly 生成的游戏角色

## 1.3.5　虚拟模特

Adobe Firefly 的 AI 绘图技术可以在短时间内生成逼真的虚拟模特形象。相比于安排真实模特的拍摄和制作过程，AI 可以快速生成模特形象，加快广告和时尚项目的创意和设计过程，降低人力成本。图 1-27 所示为使用 Adobe Firefly 生成的虚拟模特形象。

图 1-27　使用 Adobe Firefly 生成的虚拟模特形象

# 第2章 小试牛刀，以文生图

## 章前知识导读

Adobe Firefly是一个运用人工智能技术进行绘画创作的工具，用户使用“文字生成图像”功能，输入相应的关键词，可以快速生成各种需要的图像效果。本章主要介绍以文生图的各种实用功能与操作方法。

## 新手重点索引

- 以文生图的生成方式
- 以文生图的尺寸比例
- 以文生图的内容类型
- 以文生图的风格样式
- 以文生图的案例实战

## 效果图片欣赏

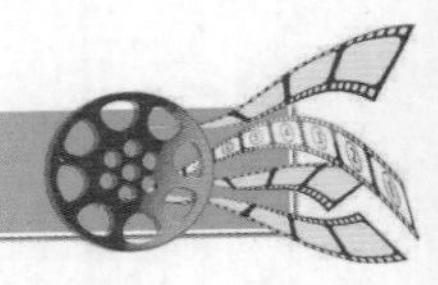

## 2.1 以文生图的生成方式

使用 Firefly 生成 AI 绘图作品非常简单，具体取决于用户使用的关键词。在“文字生成图像”中，用户可以使用自定义的文生图功能进行 AI 绘图操作，还可以从“图库”中获得创作灵感，通过别人的作品来生成新的图像，本节主要对相关内容进行具体介绍。

### 2.1.1 用关键词提示生成图像

扫码看视频

“文字生成图像”是指通过用户输入的关键词来生成图像。Firefly 在对大量数据进行学习和处理后，能够自动生成具有艺术特色的图像。图 2-1 所示为使用关键词提示生成的图像效果。下面介绍使用 Firefly 中的“文字生成图像”功能生成相应图像的方法。

图 2-1 使用关键词提示生成的图像效果

STEP 01 进入 Adobe Firefly 主页，在“文字生成图像”选项区中单击“生成”按钮，如图 2-2 所示。

图 2-2 单击“生成”按钮（1）

STEP 02 执行操作后，进入“文字生成图像”页面，输入相应关键词，单击“生成”按钮，如图 2-3 所示。

图 2-3　单击“生成”按钮（2）

STEP 03 执行操作后，Firefly 将根据关键词自动生成 4 张图片，如图 2-4 所示。

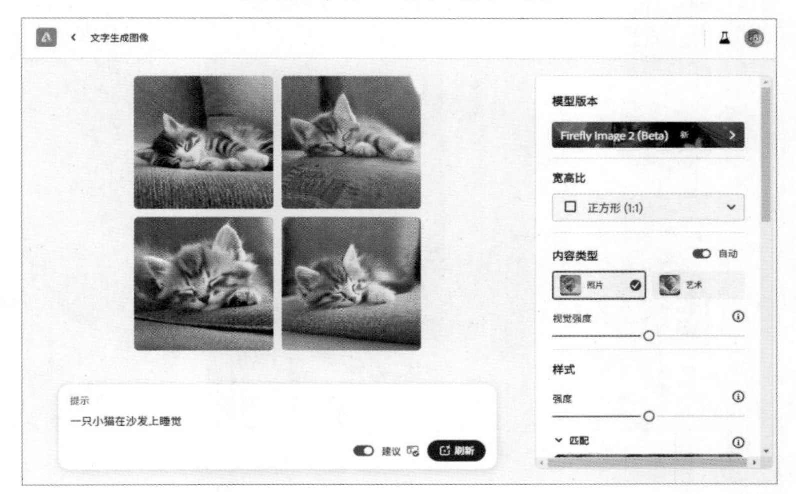


图 2-4　生成 4 张图片

STEP 04 单击相应的图片，即可预览大图效果，在图片右上角单击“更多选项”按钮，在弹出的下拉菜单中选择“下载”命令，如图 2-5 所示。

图 2-5　选择“下载”命令

STEP 05 执行操作后，即可下载图片。用同样的方法，对第 2 张图片进行下载操作，即可得到最终效果。

**专家指点**

在 Firefly 中进行 AI 绘图时，需要注意的是，即使是相同的关键词，Firefly 每次生成的图片效果也会不一样。

## 2.1.2 用社区作品生成图像

扫码看视频

用户除了直接输入关键词来生成图像外，也可以进入 Firefly 的“图库”中去寻找更多的创作灵感。用社区作品生成的图像效果如图 2-6 所示。用社区作品生成图像的具体操作方法如下。

图 2-6 用社区作品生成的图像效果

STEP 01 进入 Adobe Firefly 主页，单击导航栏中的“图库”超链接，如图 2-7 所示。

图 2-7 单击“图库”超链接

STEP 02 执行操作后，进入“图库”页面，在其中选择相应的作品，单击“查看样本”按钮，如图 2-8 所示。

图 2-8　单击“查看样本”按钮

STEP 03 执行操作后，即可查看“图库”中的其他用户发布的作品关键词生成的对应图片，效果如图 2-9 所示。

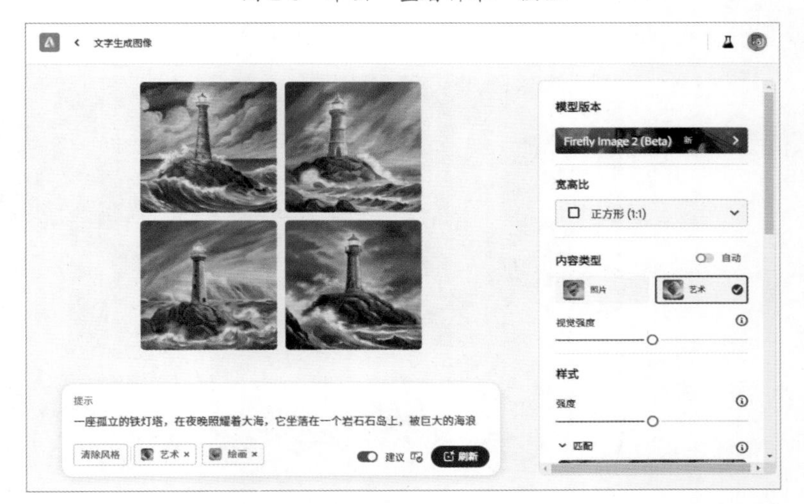


图 2-9　生成对应的图片效果

STEP 04 此时单击页面下方的“刷新”按钮，可以重新生成类似的图像效果，如图 2-10 所示。

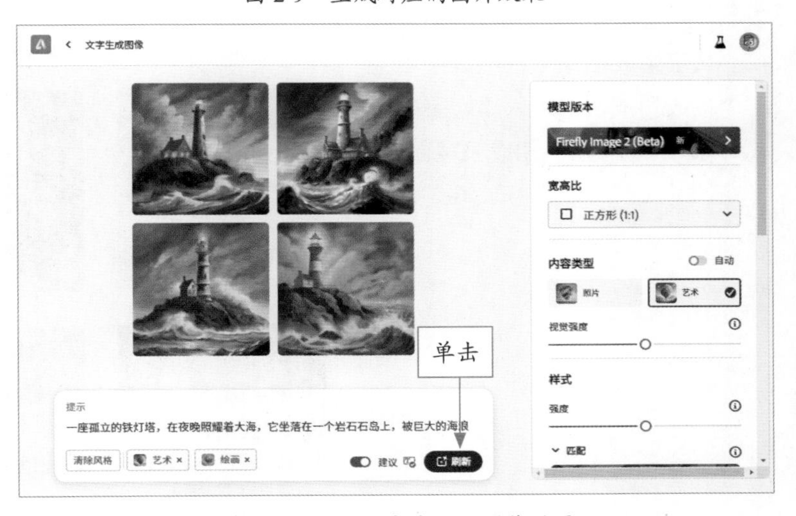


图 2-10　重新生成类似的图像效果

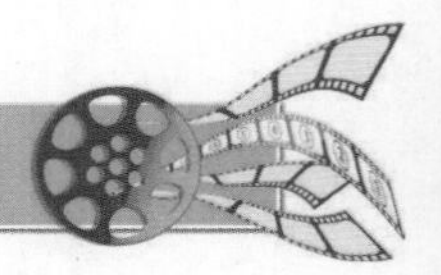

## 2.2 以文生图的尺寸比例

图像的宽高比指的是图像的宽度和高度之间的比例关系。宽高比可以对观看图像时的视觉感知和审美产生影响，不同的宽高比可以营造出不同的视觉效果和情感表达，用户可根据画面需要进行相应设置。

Firefly 预设了多种图像宽高比指令，如正方形（1:1）、横向（4:3）、纵向（3:4）、宽屏（16:9）等。用户生成相应的图片后，可以修改画面的纵横比，本节将介绍具体的操作方法。

### 2.2.1 用 1:1 比例生成画面

1:1 比例的图像在艺术设计中经常使用，因为它具有平衡、稳定和对称的视觉效果。无论是在平面设计、摄影还是在网页设计中，正方形图像都可以用来创建吸引人的布局和组合。在 Firefly 中，系统默认生成的图像比例就是正方形（1:1），该比例的图片效果如图 2-11 所示。下面介绍使用 Firefly 生成 1:1 比例图片的操作方法。

扫码看视频

图 2-11　1:1 比例的图片效果

STEP 01 进入 Adobe Firefly 主页，在“文字生成图像”选项区中单击“生成”按钮，进入“文字生成图像”页面，输入相应关键词，单击“生成”按钮，如图 2-12 所示。

图 2-12　单击“生成”按钮

STEP 02 执行操作后，Firefly 将根据关键词自动生成 4 张图片，如图 2-13 所示。

图 2-13　生成 4 张图片

## 2.2.2　用 4:3 比例生成画面

4:3 比例是电视和计算机显示器的传统显示比例之一，在过去的很长一段时间里，大多数显示设备都采用 4:3 比例，因此 4:3 成为了一种常见的标准比例，该比例的图片效果如图 2-14 所示。下面介绍将图片调整为 4:3 比例的操作方法。

扫码看视频

图 2-14　4:3 比例的图片效果

STEP 01 进入“文字生成图像”页面，输入相应关键词，单击“生成”按钮，Firefly 将根据关键词自动生成 4 张图片，如图 2-15 所示。

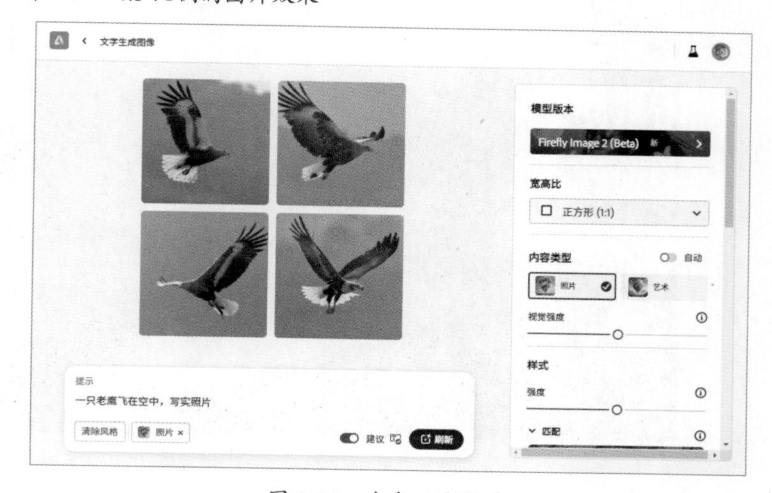


图 2-15　生成 4 张图片

STEP 02 在页面右侧的“宽高比”选项区中，单击右侧的下拉按钮，在弹出的列表框中选择“横向（4:3）”选项，如图 2-16 所示。

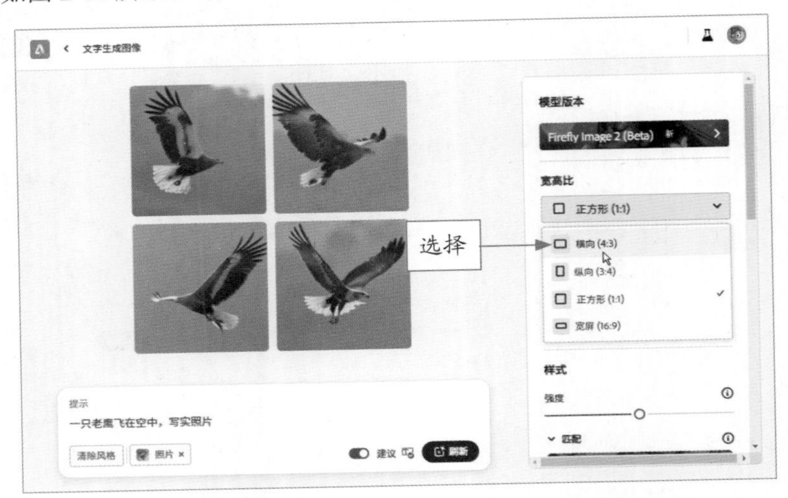


图 2-16　选择“横向（4:3）”选项

STEP 03 执行操作后，再次单击“生成”按钮，即可将图片调整为 4:3 的比例。

### 2.2.3　用 3:4 比例生成画面

扫码看视频

3:4 是一种竖向的图片尺寸比例，表示图像的宽度与高度之间的比例关系为 3:4。这种比例常用于需要强调垂直方向内容的情况，如人像摄影、肖像画或纵向的艺术创作等。3:4 比例的图片效果如图 2-17 所示。下面介绍将图片调整为 3:4 比例的操作方法。

图 2-17　3:4 比例的图片效果

STEP 01 进入“文字生成图像”页面，输入相应关键词，单击“生成”按钮，Firefly 将根据关键词自动生成 4 张图片，如图 2-18 所示。

图 2-18　生成 4 张图片

▶ 专家指点

由于 3:4 的图片比例更接近正方形，因此在打印图片时，这种比例可以更好地适应常见的纸张尺寸，使图片更容易与标准纸张匹配。

STEP 02 在页面右侧的“宽高比”选项区中，单击右侧的下拉按钮 ，在弹出的列表框中选择“纵向（3:4）”选项，如图 2-19 所示。

STEP 03 执行操作后，再次单击“生成”按钮，即可将图片调整为 3:4 的比例。

图 2-19　选择“纵向（3:4）”选项

▶ 专家指点

3:4 比例常用于人像摄影，因为它可以更好地展示人物的身体比例和捕捉人物的特征。相对于更宽屏的比例，3:4 比例在人像摄影中可以更好地呈现人物垂直的身体线条和表情。在社交媒体平台上，3:4 比例的图片可以在垂直显示的移动设备上更好地利用屏幕空间，使图片更好地适应垂直滚动浏览的体验。

## 2.2.4　用 16:9 比例生成画面

16:9 尺寸的图片具有较宽的水平视野，适合展示广阔的景观、城市风貌或宽广的场景，这种尺寸的图片在广告、电影、游戏和电视等媒体中被广泛应用，能够提供沉浸式的视觉体验。16:9 比例的图片效果如图 2-20 所示。下面介绍将图片调整为 16:9 比例的操作方法。

扫码看视频

图 2-20　16:9 比例的图片效果

STEP 01 进入“文字生成图像”页面，输入相应关键词，单击“生成”按钮，Firefly 将根据关键词自动生成 4 张图片，如图 2-21 所示。

图 2-21　生成 4 张图片

STEP 02 在页面右侧的“宽高比”选项区中，单击右侧的下拉按钮，在弹出的列表框中选择“宽屏（16:9）”选项，如图 2-22 所示。

图 2-22　选择“宽屏（16:9）”选项

STEP 03 执行操作后，再次单击“生成”按钮，即可将图片调整为 16:9 的比例。

## 2.3 以文生图的内容类型

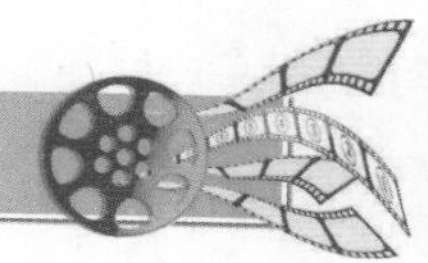

用户可以在 Firefly 中通过输入相应的关键词来生成不同内容类型的图像效果，具体包括“无”“照片”“图形”以及“艺术”4 种类型。需要注意的是，“无”和“图形”在 Firefly Image 2 版本中无法使用，需要切换至 Firefly Image 1 版本中才能使用。本节将针对这些图像类型进行详细介绍。

### 2.3.1 无模式效果

在 Firefly 中，“无”表示图片没有明确的内容类型，不会将图片归类到其他特定类型中，无模式生成的图片效果如图 2-23 所示。下面介绍使用无模式生成图片效果的操作方法。

扫码看视频

图 2-23　无模式生成的图片效果

STEP 01 进入“文字生成图像”页面，输入相应关键词，单击“生成”按钮，Firefly 将根据关键词自动生成 4 张图片，如图 2-24 所示。

图 2-24　生成 4 张图片

STEP 02 在页面右侧的“模型版本”选项区中，单击 Firefly Image 2 按钮，弹出“模型版本”面板，在其中选择 Firefly Image 1 版本，然后单击“确认”按钮，如图 2-25 所示。

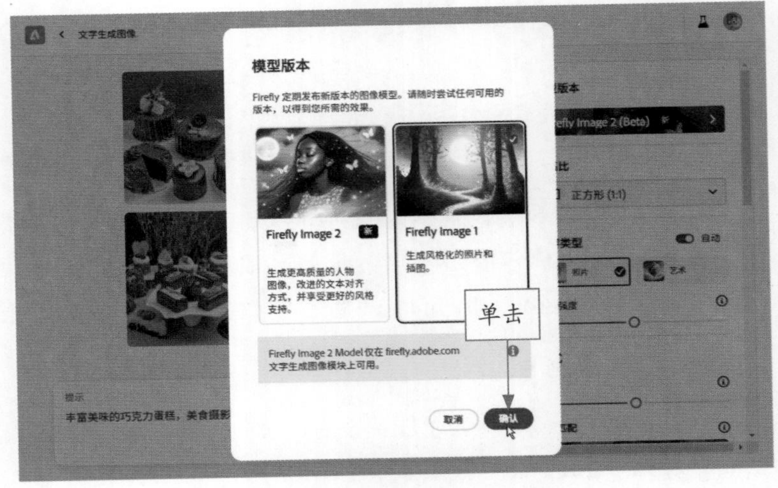


图 2-25　单击“确认”按钮

STEP 03 在页面右侧的“内容类型”选项区中，单击“无”按钮，如图 2-26 所示。

图 2-26　单击“无”按钮

STEP 04 执行操作后，单击“生成”按钮，重新生成 4 张图片，如图 2-27 所示。

图 2-27　重新生成 4 张图片

### 2.3.2　照片模式效果

在 Firefly 中，照片模式可以模拟出真实的照片风格，就像摄影师拍摄出来的照片效果一样逼真，照片模式生成的图片效果如图 2-28 所示。下面介绍使用照片模式生成图片效果的操作方法。

图 2-28　照片模式生成的图片效果

**STEP 01** 进入“文字生成图像”页面，输入相应关键词，单击“生成”按钮，Firefly 将根据关键词自动生成 4 张图片，如图 2-29 所示。

图 2-29　生成 4 张图片

**STEP 02** 在页面右侧的“内容类型”选项区中，单击“照片”按钮，如图 2-30 所示。

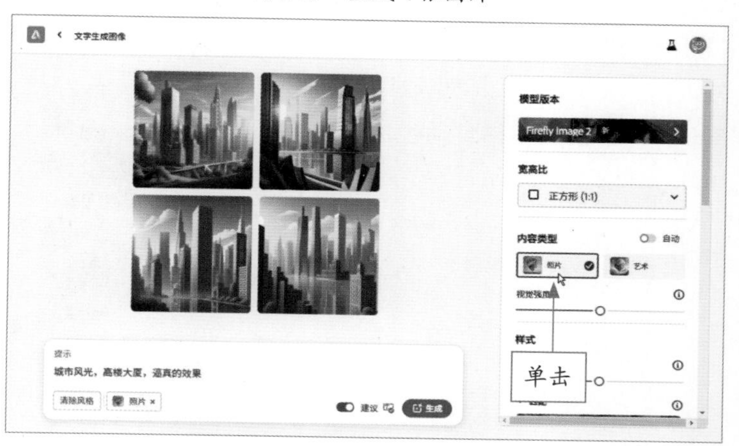


图 2-30　单击“照片”按钮

STEP 03 执行操作后，单击“生成”按钮，重新生成4张图片，风格接近于真实的画面效果，如图2-31所示。

图2-31 生成风格接近于真实画面效果的图片

## 2.3.3 图形模式效果

扫码看视频

在Firefly中，图形模式是一种强调几何形状、线条和图案的风格，它通常追求简洁、抽象和艺术性，强调构图和视觉效果。图形模式生成的图片效果如图2-32所示。下面介绍使用图形模式生成图片效果的操作方法。

图2-32 图形模式生成的图片效果

STEP 01 进入“文字生成图像”页面，输入相应关键词，单击“生成”按钮，Firefly将根据关键词自动生成4张图片，如图2-33所示。

图2-33 生成4张图片

STEP 02 切换至 Firefly Image 1 版本，然后在页面右侧的“内容类型”选项区中，单击“图形”按钮，如图 2-34 所示。

图 2-34　单击“图形”按钮

STEP 03 执行操作后，单击“生成”按钮，即可以图形模式显示图片效果，如图 2-35 所示。图形模式突出了图像中的形状和线条，营造出饱满、生动的视觉效果。

图 2-35　生成图形模式效果

## 2.3.4　艺术模式效果

在 Firefly 中，艺术模式是一种注重艺术表现和创意的风格，它追求独特的视觉效果和情感传递，强调作者的主观表达和个人创作，常常突破传统绘画的限制，创造出富有艺术性的画作。艺术模式生成的图片效果如图 2-36 所示。下面介绍使用艺术模式生成图片效果的操作方法。

扫码看视频

图 2-36　艺术模式生成的图片效果

STEP 01 进入“文字生成图像”页面，输入相应关键词，单击“生成”按钮，Firefly 将根据关键词自动生成 4 张图片，如图 2-37 所示。

图 2-37 生成 4 张图片

STEP 02 在页面右侧的“内容类型”选项区中，单击“艺术”按钮；在“宽高比”选项区中，单击右侧的下拉按钮，在弹出的列表框中选择“宽屏（16:9）”选项，如图 2-38 所示。

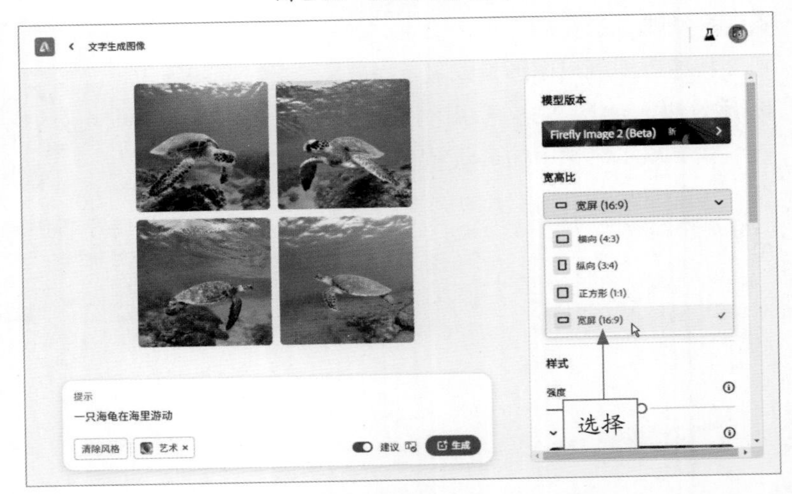


图 2-38 选择“宽屏（16:9）”选项

STEP 03 执行操作后，单击“生成”按钮，即可以艺术模式生成 16:9 比例的图片效果，如图 2-39 所示。

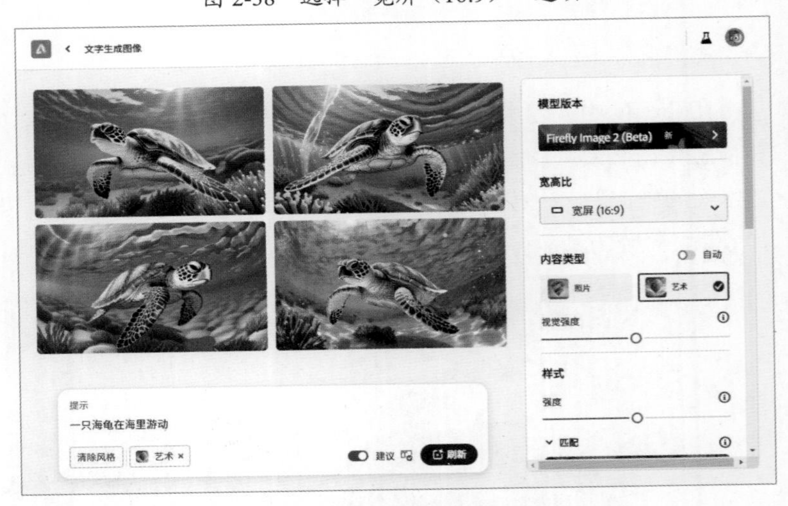


图 2-39 生成 16:9 比例的艺术模式图片效果

## 2.4 以文生图的风格样式

Firefly 中内置了大量的风格样式，如热门、动作、主题、技术、效果、材质以及概念等类型，设计师可灵活运用这些风格样式，创造出与众不同的图像风格，展现自己的艺术眼光和思想，表达内心的情感状态，并创造出触动人心、引发共鸣的作品。本节主要介绍不同样式特效的操作方法。

### 2.4.1 "热门"样式

"热门"样式是 Firefly 中比较常用的风格样式之一，其中包含了"数字艺术""合成波""分层纸"等风格，下面将介绍"热门"样式中比较常用的几种风格。

#### 1. 数字艺术

在 Firefly 中，运用"热门"样式中的"数字艺术"风格，可以对原始照片进行各种数字处理和合成操作，包括调整色调、对比度、亮度，添加滤镜效果、虚化或强调特定区域，以及进行图像合成、重组等，帮助用户创作出独特的作品。"数字艺术"风格生成的图像效果如图 2-40 所示。下面介绍使用"数字艺术"风格处理图片的操作方法。

扫码看视频

图 2-40　"数字艺术"风格生成的图像效果

**STEP 01** 进入"文字生成图像"页面，输入相应关键词，单击"生成"按钮，Firefly 将根据关键词自动生成 4 张图片，如图 2-41 所示。

图 2-41　生成 4 张图片

STEP 02 在页面右侧“效果”选项区的“热门”选项卡中，选择“数字艺术”风格，然后单击页面下方的“生成”按钮，重新生成“数字艺术”风格的图像效果，如图 2-42 所示。

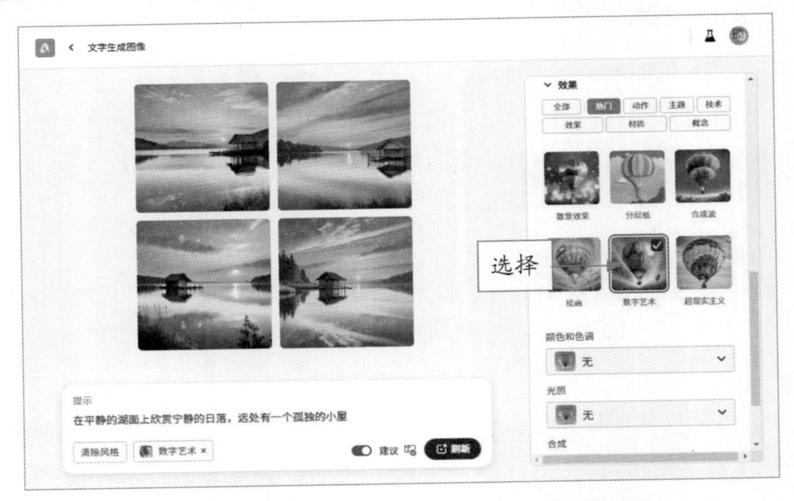


图 2-42　重新生成“数字艺术”风格的图像效果

**专家指点**

数字艺术照片经常运用各种艺术效果和滤镜，如水彩画效果、油画效果、素描效果、马赛克效果等，这些效果和滤镜可以赋予照片独特的艺术质感和风格。数字艺术照片也可以结合虚拟现实技术，通过数字投影、交互元素或虚拟场景的加入，创造出沉浸式的视觉体验和交互性的艺术作品。

### 2．合成波

扫码看视频

在 Firefly 中，“热门”样式中的“合成波”风格通常采用鲜艳、明亮的色彩，以模拟合成器音乐中的电子音调和声音效果。图 2-43 所示为放大预览“合成波”风格的图像效果。色彩的选择可以是对比强烈的饱和色彩，也可以是带有霓虹灯效果的强烈色彩，以创造出视觉上的冲击力。

图 2-43　放大预览“合成波”风格的图像效果

下面介绍使用“合成波”风格处理图片的操作方法。

**STEP 01** 进入“文字生成图像”页面，输入相应关键词，单击“生成”按钮，Firefly 将根据关键词自动生成 4 张图片，如图 2-44 所示。

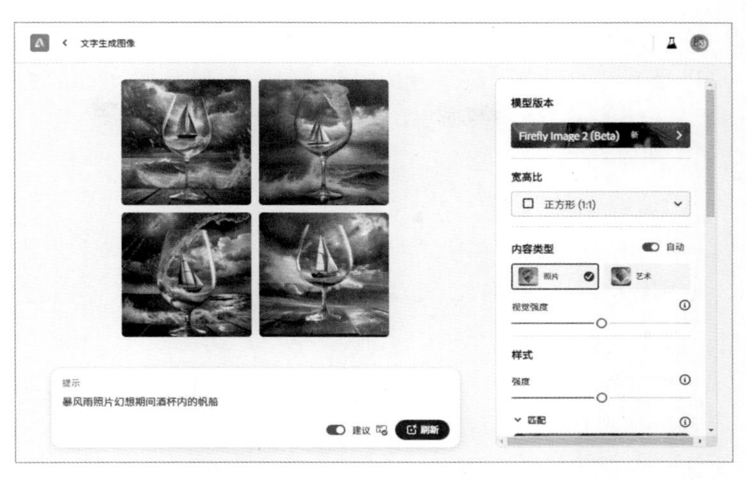


图 2-44　生成 4 张图片

**STEP 02** 在“效果”选项区的“热门”选项卡中，选择“合成波”风格，此时单击页面下方的“生成”按钮，即可重新生成“合成波”风格的图像效果，如图 2-45 所示。

图 2-45　重新生成“合成波”风格的图像效果

### 3．分层纸

“分层纸”是一种以纸张叠加和剪贴为特点的图片风格，在绘图中运用纸张的叠加、剪贴和排列等技巧，可创造出多层次、立体感和手工艺感强烈的图像效果。图 2-46 所示为原图与运用“分层纸”样式后的图片效果。

图 2-46　原图与运用“分层纸”样式后的图片效果

“分层纸”图片风格常常运用多张纸叠加在一起，每张纸都代表着一个图像或元素。这些纸张可以是不同的颜色、纹理或透明度，通过层层叠加，形成复杂的图像构图和立体感、手工艺感，这种手工艺感可以给图片带来一种独特的温暖感和亲切感。

## 2.4.2 “动作”样式

Firefly 中内置了多种“动作”样式，如蒸汽朋克、蒸汽波、科幻、迷幻以及幻想等类型，在图片上使用相应的动作样式，可以创造出独特的图像质感。本节主要介绍动作样式的应用技巧。

### 1. 蒸汽朋克

“蒸汽朋克”是一种融合了 19 世纪工业化和蒸汽动力元素的奇幻风格，它将维多利亚时代的复古风格与蒸汽动力、机械装置、未来科技的想象等结合在一起。“蒸汽朋克”风格生成的图片效果如图 2-47 所示。下面介绍使用“蒸汽朋克”风格处理图片的操作方法。

扫码看视频

图 2-47 “蒸汽朋克”风格生成的图片效果

STEP 01 进入“文字生成图像”页面，输入相应关键词，单击“生成”按钮，Firefly 将根据关键词自动生成 4 张图片，如图 2-48 所示。

图 2-48 生成 4 张图片

STEP 02 在“效果”选项区的“动作”选项卡中，选择“蒸汽朋克”风格，此时单击页面下方的“生成”按钮，即可重新生成图片效果，如图 2-49 所示。

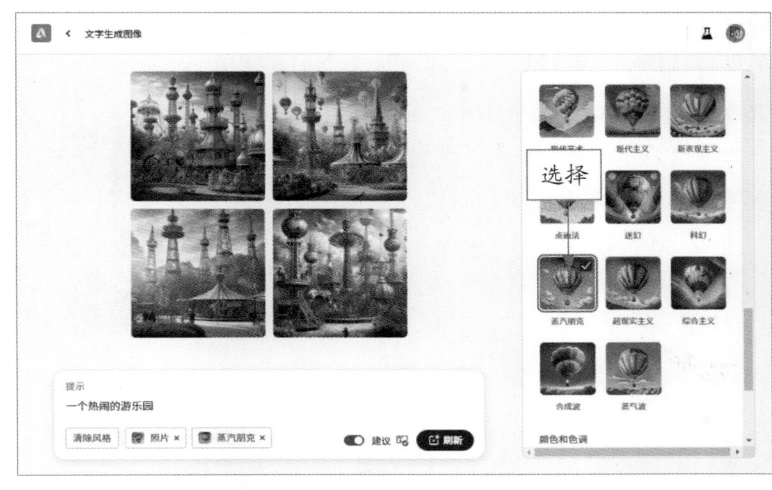


图 2-49　重新生成“蒸汽朋克”风格的图片效果

## 2. 蒸汽波

扫码看视频

“蒸汽波”是一种以复古、迷幻和未来主义元素为特点的艺术风格，它起源于音乐流派，并逐渐扩展到视觉艺术中，这种风格结合了强烈的色彩、模糊效果和超现实的场景。“蒸汽波”风格生成的图片效果如图 2-50 所示。下面介绍使用“蒸汽波”风格处理图片的操作方法。

图 2-50　“蒸汽波”风格生成的图片效果

STEP 01 进入“文字生成图像”页面，输入相应关键词，单击“生成”按钮，Firefly 将根据关键词自动生成 4 张图片，如图 2-51 所示。

图 2-51　生成 4 张图片

**STEP 02** 设置“宽高比”为“宽屏（16:9）”，然后在“效果”选项区的“动作”选项卡中，选择“蒸汽波”风格，单击“生成”按钮，即可重新生成图片效果，如图 2-52 所示。

图 2-52　重新生成“蒸汽波”风格的图片效果

### 3. 科幻

扫码看视频

“科幻”是一种以未来科技、外太空、虚构世界和奇幻元素为主题的图片风格，它应用了光线效果、火焰、能量场、镜像、合成等特效，使照片显得夸张、引人注目和与众不同。“科幻”风格生成的图片效果如图 2-53 所示。下面介绍使用“科幻”风格处理图片的操作方法。

图 2-53　“科幻”风格生成的图片效果

**STEP 01** 进入“文字生成图像”页面，输入相应关键词，单击“生成”按钮，Firefly 将根据关键词自动生成 4 张图片，如图 2-54 所示。

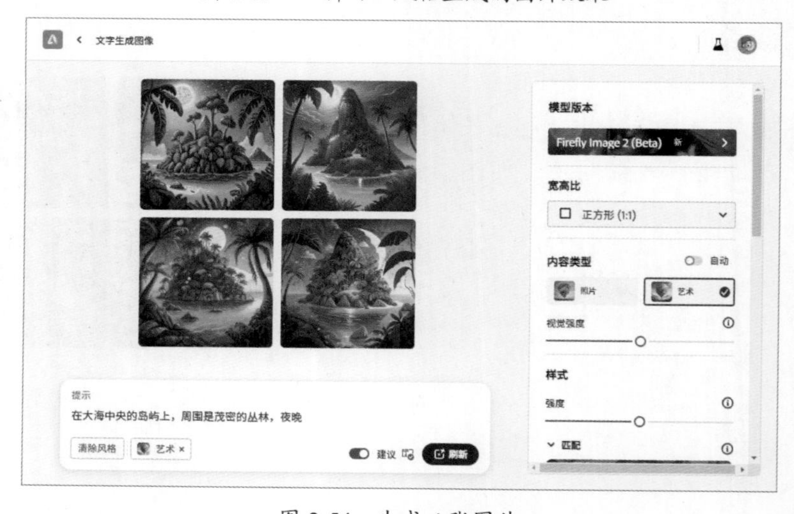


图 2-54　生成 4 张图片

**STEP 02** 在“效果”选项区的“动作”选项卡中，选择“科幻”风格，然后设置“宽高比”为“宽屏（16:9）”，单击“生成”按钮，即可重新生成图片效果，如图 2-55 所示。

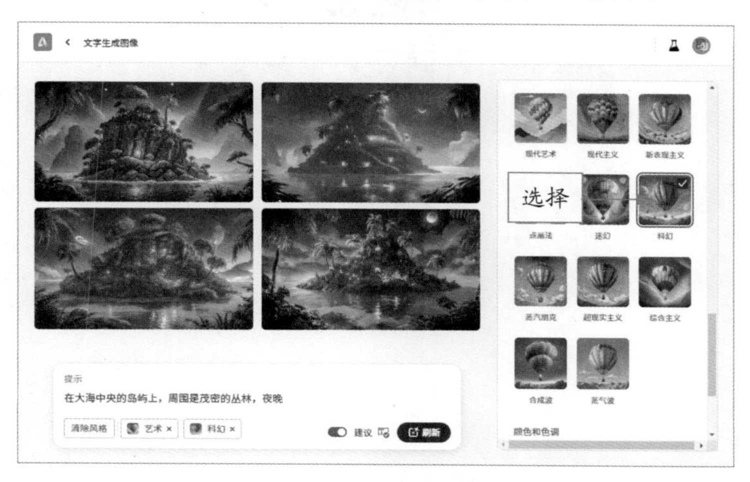


图 2-55　重新生成“科幻”风格的图片效果

## 2.4.3　“主题”样式

Firefly 中内置了多种“主题”样式，如概念艺术、像素艺术、矢量外观、3D、图章、数字艺术以及几何等类型，选择相应的图片类型可以制作出不同的主题效果。本节主要介绍“主题”样式的应用技巧。

### 1. 概念艺术

“概念艺术”的图片风格是一种专门用于表达创意和概念的艺术形式，它强调创意和想象力，常用于电影、游戏、动画等的创作过程中。“概念艺术”风格生成的图片效果如图 2-56 所示。下面介绍使用“概念艺术”风格处理图片的操作方法。

扫码看视频

图 2-56　“概念艺术”风格生成的图片效果

**专家指点**

“概念艺术”风格通常运用丰富的色彩和光影效果来增强画面的视觉效果，包括明亮鲜艳的色彩、对比强烈的光影，以及独特的光线效果和氛围。

STEP 01 进入“文字生成图像”页面，输入相应关键词，单击“生成”按钮，Firefly 将根据关键词自动生成 4 张图片，如图 2-57 所示。

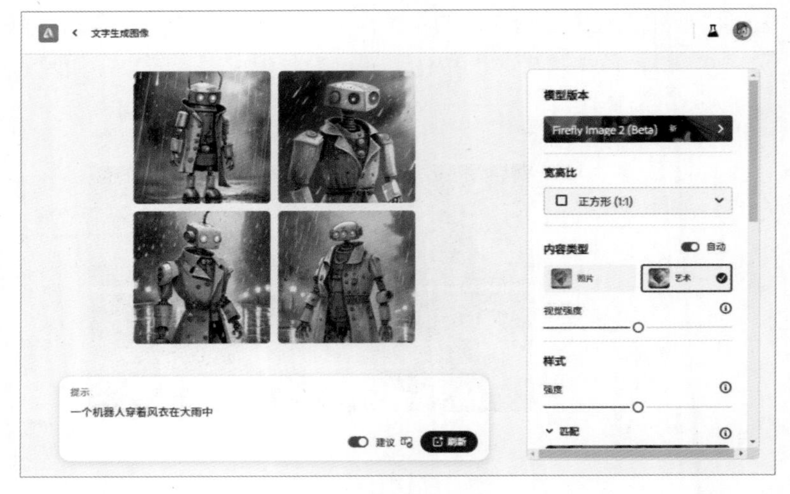


图 2-57 生成 4 张图片

STEP 02 在“效果”选项区的“主题”选项卡中，选择“概念艺术”风格，然后设置“宽高比”为“宽屏（16:9）”，单击“生成”按钮，即可重新生成“概念艺术”风格的图片效果，如图 2-58 所示。

图 2-58 重新生成“概念艺术”风格的图片效果

## 2. 像素艺术

“像素艺术”使用小方块像素作为构建图像的基本单位，每个像素都代表着图像的一部分，通过排列和着色这些像素，可以形成一幅完整的图像。“像素艺术”风格生成的图片效果如图 2-59 所示。下面介绍使用“像素艺术”风格处理图片的操作方法。

扫码看视频

图 2-59 “像素艺术”风格生成的图片效果

**STEP 01** 进入“文字生成图像”页面，输入相应关键词，单击“生成”按钮，Firefly 将根据关键词自动生成 4 张图片，如图 2-60 所示。

图 2-60　生成 4 张图片

**STEP 02** 在“效果”选项区的“主题”选项卡中，选择“像素艺术”风格，然后设置“宽高比”为“宽屏（16:9）”，单击“生成”按钮，即可重新生成图片效果，如图 2-61 所示。

图 2-61　重新生成“像素艺术”风格的图片效果

## 3. 矢量外观

“矢量外观”通常使用清晰的线条和简化的几何形状来构建图像，它基于矢量图形的特点和风格，创造出一种平滑、清晰、可伸缩的视觉效果。图 2-62 所示为“矢量外观”风格的图片效果。下面介绍使用“矢量外观”风格处理图片的操作方法。

扫码看视频

图 2-62　“矢量外观”风格的图片效果

STEP 01 进入“文字生成图像”页面，输入相应关键词，单击“生成”按钮，Firefly将根据关键词自动生成4张图片，如图2-63所示。

图2-63 生成4张图片

STEP 02 在“效果”选项区的“主题”选项卡中，选择“矢量外观”风格，然后设置“宽高比”为“宽屏（16:9）”，单击“生成”按钮，即可重新生成图片效果，如图2-64所示。

图2-64 重新生成“矢量外观”风格的图片效果

**专家指点**

“矢量外观”的图片风格通常采用扁平化的设计元素，画面中不会使用过多的阴影、渐变和纹理效果，而是更注重简化、明确和图形的纯粹性。

## 2.4.4 “效果”样式

Firefly中内置了多种“效果”样式，如散景效果、鱼眼、迷雾、老照片、黑暗以及生物发光等类型，选择相应的图片类型可以制作出与众不同的图片效果。本节主要介绍“效果”样式的应用技巧。

### 1. 散景效果

扫码看视频

“散景效果”是一种常见的摄影技术，用于在图像中创造出背景模糊和光斑效果，虚化背景可以使主体更加突出，并营造出一种柔和、梦幻的氛围。“散景效果”生成的图片效果如图 2-65 所示。使用“散景效果”处理图片的操作步骤如下。

图 2-65　“散景效果”生成的图片效果

**STEP 01** 进入“文字生成图像”页面，输入相应关键词，单击“生成”按钮，Firefly 将根据关键词自动生成 4 张图片，如图 2-66 所示。

图 2-66　生成 4 张图片

**STEP 02** 在“效果”选项区的“效果”选项卡中，选择“散景效果”样式，然后设置“宽高比”为“宽屏（16:9）”，单击“生成”按钮，即可重新生成“散景效果”的图片效果，如图 2-67 所示。

图 2-67　重新生成“散景效果”的图片效果

STEP 03 放大预览“散景效果”的图片效果，可以看到照片的四周呈现出了虚化的效果，前景与背景都变得模糊了。

专家指点

由于虚化效果的存在，“散景效果”的图片风格通常具有柔和、梦幻的特点，背景模糊和光斑的组合营造出一种模糊的视觉效果，给人一种浪漫、梦幻的视觉感受。

## 2. 老照片

扫码看视频

“老照片”的图片风格会模仿照片在岁月中的自然老化过程，包括模糊、划痕、斑点和褪色等效果，以营造出年代久远的感觉。“老照片”风格生成的图片效果如图 2-68 所示。下面介绍使用“老照片”风格调出图片怀旧感的操作方法。

图 2-68 “老照片”风格生成的图片效果

STEP 01 进入“文字生成图像”页面，输入相应关键词，单击“生成”按钮，Firefly 将根据关键词自动生成 4 张图片，如图 2-69 所示。

图 2-69 生成 4 张图片

**STEP 02** 在“效果”选项区的“效果”选项卡中，选择“老照片”效果，然后单击“生成”按钮，即可重新生成“老照片”风格的图片效果，如图 2-70 所示。

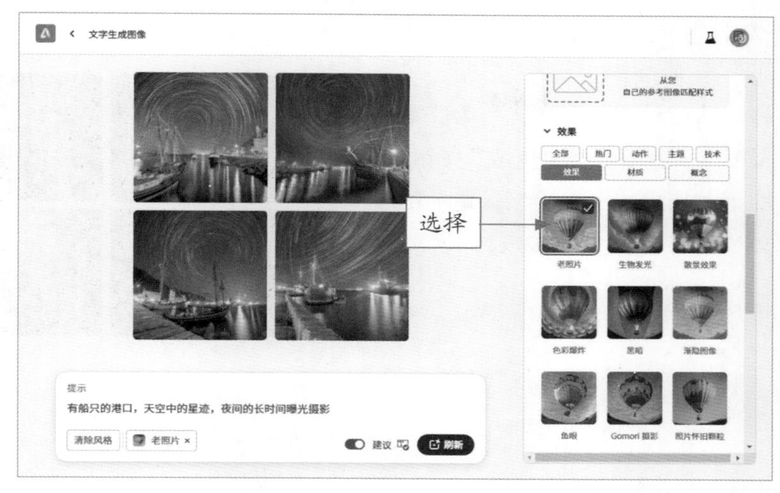


图 2-70　重新生成“老照片”风格的图片效果

## 3. 黑暗

扫码看视频

“黑暗”风格的照片通常具有较高的对比度，即明暗之间的差异非常明显，黑暗的部分会更加深沉，而明亮的部分则会更加鲜明。图 2-71 所示为放大预览“黑暗”风格的图片效果。下面介绍使用“黑暗”风格制作恐怖电影画面的操作方法。

图 2-71　放大预览“黑暗”风格的图片效果

**STEP 01** 进入“文字生成图像”页面，输入相应关键词，单击“生成”按钮，Firefly 将根据关键词自动生成 4 张图片，如图 2-72 所示。

图 2-72　生成 4 张图片

STEP 02 在“效果”选项区的“效果”选项卡中，选择“黑暗”风格，然后设置“宽高比”为“宽屏（16:9）”，单击“生成”按钮，即可重新生成“黑暗”风格的图片效果，如图 2-73 所示。

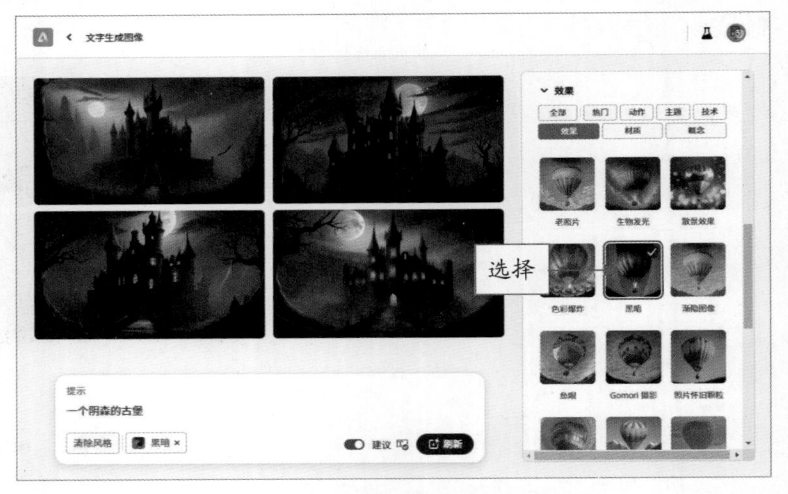


图 2-73　重新生成“黑暗”风格的图片效果

**专家指点**

对于“黑暗”风格的图片，可以看到其画面中营造出了一种冷峻、险恶的氛围，这种风格的照片通常使用较暗的色调，如深蓝、棕色、灰色或黑色，以营造出一种神秘或沉静的氛围。

## 2.5 以文生图的案例实战

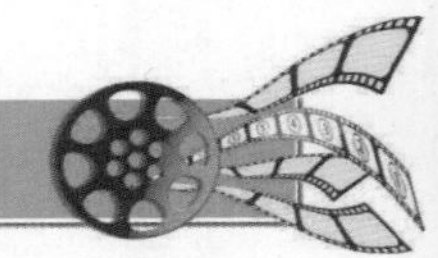

在 Firefly 中，通过对前面基础知识点的学习，本节主要讲解以文生图的相关典型案例，以帮助大家更好地巩固本章所学的内容，创建出更多优质的 AI 作品。

### 2.5.1 可爱风头像效果

扫码看视频

可爱风头像在许多应用场景中都非常受欢迎，特别是在与年轻人、儿童和互联网文化相关的领域，具有很大的吸引力，它们能够增加亲近感、表达个性、增添趣味，并与目标受众建立情感连接，可爱风头像效果如图 2-74 所示。下面介绍在 Firefly 中生成可爱风头像效果的操作方法。

图 2-74　可爱风头像效果

**STEP 01** 进入“文字生成图像”页面，输入相应关键词，单击“生成”按钮，Firefly 将根据关键词自动生成 4 张可爱风头像，如图 2-75 所示。

图 2-75　生成 4 张可爱风头像

**STEP 02** 在页面右侧“效果”选项区的“热门”选项卡中，选择“数字艺术”风格，单击“生成”按钮，重新生成“数字艺术”风格的头像效果，如图 2-76 所示。

图 2-76　重新生成“数字艺术”风格的头像效果

**STEP 03** 单击相应图片，预览大图效果，在图片右上角单击“更多选项”按钮，然后在弹出的下拉菜单中选择“下载”命令，如图 2-77 所示，执行操作后，即可下载图片。

图 2-77　选择“下载”命令

## 2.5.2 优美的风光作品

风光作品在旅游推广中发挥着重要的作用，通过精美的摄影或绘画作品展示目的地的美景，可以吸引游客的注意力，并促使他们前往探索，风光作品效果如图 2-78 所示。下面介绍在 Firefly 中生成优美的风光作品的方法。

扫码看视频

图 2-78 风光作品效果

STEP 01 进入“文字生成图像”页面，输入相应关键词，单击“生成”按钮，Firefly 将根据关键词自动生成 4 张风光图片，如图 2-79 所示。

图 2-79 生成 4 张风光图片

STEP 02 在页面右侧设置“宽高比”为“宽屏 (16:9）”，然后单击“生成”按钮，即可重新生成 4 张 16:9 比例的风光图片，如图 2-80 所示。

图 2-80 重新生成 4 张 16:9 比例的风光图片

STEP 03 选择其中合适的一张进行放大，单击图片预览大图效果，在图片右上角单击“更多选项”按钮，在弹出的下拉菜单中选择“下载”命令，即可下载图片。

### 2.5.3 科幻的电影角色

电影角色可以让观众对电影中的人物或动物有一个直观的印象，从而辅助电影角色的设计和创作过程。在 Firefly 中可以生成各种不同类型的角色形象，包括外貌、服装、发型、面部表情等，可以给电影创作者提供参考或激发灵感，从而加快角色设计的过程。科幻电影角色效果如图 2-81 所示。下面介绍在 Firefly 中生成科幻电影角色的方法。

扫码看视频

图 2-81　科幻电影角色效果

STEP 01 进入“文字生成图像”页面，输入相应关键词，单击“生成”按钮，Firefly 将根据关键词自动生成 4 张电影角色图片，如图 2-82 所示。

图 2-82　生成 4 张电影角色图片

**专家指点**

在 Firefly 中使用 AI 模型生成电影角色时，用到的重点关键词的作用分析如下。

（1）数字艺术：指使用数字技术创作和呈现的艺术形式，它包括数字绘画、数字摄影、数字雕塑等多种形式的创作。

（2）怪物：通常指虚构的、具有巨大体型和异常特征的生物，在电影、游戏和文学作品中常常出现，它通常具有强大的力量和独特的外貌。

STEP 02 在页面右侧设置“主题”为“电影效果”、“宽高比”为“宽屏（16:9）”，然后单击“生成”按钮，即可重新生成4张电影角色图片，如图2-83所示。

图2-83　重新生成4张电影角色图片

STEP 03 选择其中合适的一张进行放大，单击图片预览大图效果，在图片右上角单击“更多选项”按钮，在弹出的下拉菜单中选择“下载”命令，即可下载图片。

## 2.5.4　动画片卡通场景

扫码看视频

Firefly可以帮助动画制作团队设计出符合要求的卡通场景效果，通过输入相关的关键词或风格要求，AI生成的场景图像可以为动画制作人员提供新鲜的视觉刺激和想法、激发其创造力，并启发他们设计出更加独特和引人注目的卡通场景，动画片卡通场景效果如图2-84所示。下面介绍在Firefly中生成动画片卡通场景的方法。

图2-84　动画片卡通场景效果

**专家指点**

在AI绘图中，生成动画片卡通场景的关键词有：太阳（Sun）、天空（Sky）、自然（Nature）、城市（City）、海洋（Ocean）、森林（Forest）、花园（Garden）、山脉（Mountains）、岛屿（Islands）、动物（Animals）、怪物（Monsters）、仙女（Fairies）、神话生物（Mythical Creatures）、恐龙（Dinosaurs）、跳跃（Jumping）、奔跑（Running）、飞行（Flying）。

**STEP 01** 进入“文字生成图像”页面，输入相应关键词，单击“生成”按钮，Firefly 将根据关键词自动生成 4 张动画片卡通场景图片，如图 2-85 所示。

图 2-85　生成 4 张动画片卡通场景图片

**STEP 02** 在页面右侧设置“主题”为“数字艺术”与“电影效果”、“宽高比”为“宽屏（16:9）”，然后单击“生成”按钮，即可重新生成 4 张动画片卡通场景图片，如图 2-86 所示。

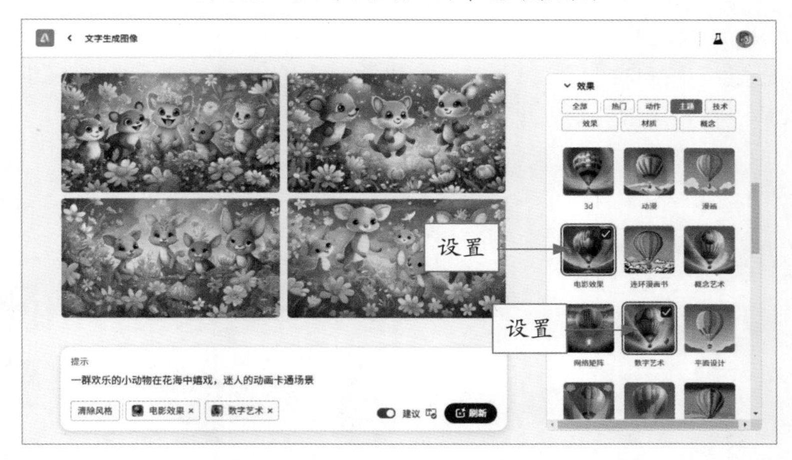


图 2-86　重新生成 4 张动画片卡通场景图片

**STEP 03** 选择其中合适的一张进行放大，单击图片预览大图效果，在图片右上角单击“更多选项”按钮，在弹出的下拉菜单中选择“下载”命令，即可下载图片。

## 2.5.5　插画风格的图像

扫码看视频

插画广泛应用于书籍、杂志、报纸等印刷品中，可以通过图像来讲述故事或传达信息，帮助读者更好地理解故事情节，增强文章或内容的可读性，并为读者提供更丰富的视觉体验，插画风格的图像效果如图 2-87 所示。下面介绍在 Firefly 中生成插画风格图像效果的方法。

图 2-87　插画风格的图像效果

STEP 01 进入“文字生成图像”页面，输入相应关键词，单击“生成”按钮，Firefly 将根据关键词自动生成 4 张插画图片，如图 2-88 所示。

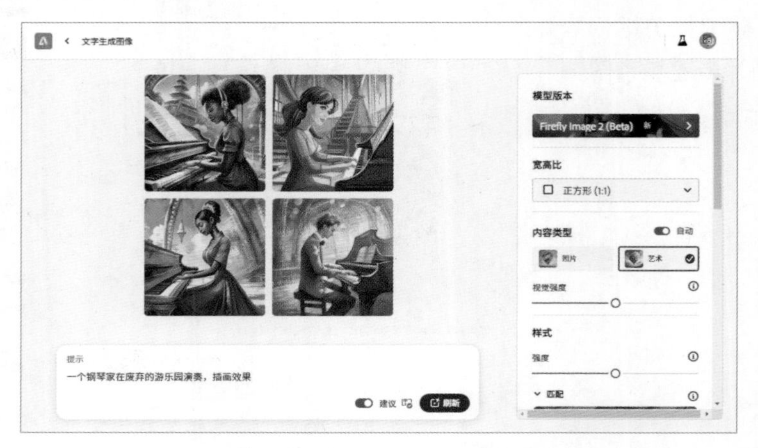


图 2-88　生成 4 张插画图片

STEP 02 在页面右侧设置“宽高比”为“宽屏（16:9）”、“主题”为“连环漫画书”，然后单击“生成”按钮，即可重新生成 4 张插画图片，如图 2-89 所示。

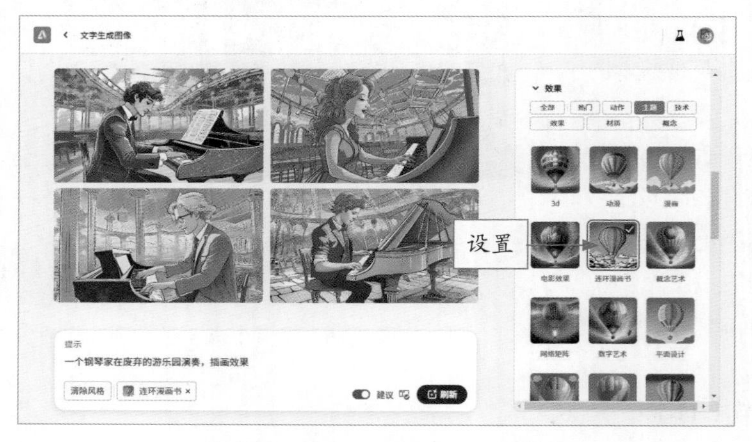


图 2-89　重新生成 4 张插画图片

STEP 03 选择其中合适的一张进行放大，单击图片预览大图效果，在图片右上角单击“更多选项”按钮，在弹出的下拉菜单中选择“下载”命令，即可下载图片。

**专家指点**

在 AI 绘图中，生成插画作品的关键词有：插画（Illustration）、风格（Style）、卡通（Cartoon）、水彩（Watercolor）、扁平设计（Flat Design）、手绘（Hand-Drawn）、油画（Oil Painting）、简约（Minimalist）、动物（Animals）。

## 2.5.6　黑白色调山水风光

扫码看视频

Firefly 中内置了多种“颜色和色调”样式，如黑白色调、暖色调以及冷色调等类型，选择相应的颜色样式可以调出不同的画面色彩与色调，而其中黑白色调是指图片仅使用了黑色和白色两种颜色，这种风格也被称为单色或灰度风格。黑白色调山水风光效果如图 2-90 所示。下面介绍使用黑白色调处理山水风光图片的操作方法。

图 2-90 黑白色调山水风光效果

STEP 01 进入“文字生成图像”页面，输入相应关键词，单击“生成”按钮，Firefly 将根据关键词自动生成 4 张图片，如图 2-91 所示。

图 2-91 生成 4 张山水风光图片

STEP 02 在页面右侧的“颜色和色调”列表框中，选择“黑白”选项，然后设置“宽高比”为“宽屏（16:9）”，单击“生成”按钮，即可重新生成黑白色调的山水风光图片效果，如图 2-92 所示。

图 2-92 重新生成黑白色调的山水风光图片效果

STEP 03 选择其中合适的一张进行放大，单击图片预览大图效果，在图片右上角单击“更多选项”按钮，在弹出的下拉菜单中选择“下载”命令，即可下载图片。

## 2.5.7 逆光人像照效果

扫码看视频

“光照”在图像中发挥着关键的作用，可以影响图像的氛围、情绪和视觉效果。Firefly 中内置了多种“光照”样式，如逆光、戏剧灯光、黄金时段、演播室灯光以及低光照等类型，选择不同的“光照”样式可以调出不同的画面氛围。

逆光是指光线从被拍摄对象的背后照射而来的一种照明技术，这种技术会使被拍摄对象的轮廓和边缘更加明显。光线透过或绕过被拍摄对象后，形成明亮的轮廓，使被拍摄对象与背景产生明显的对比，从而营造出戏剧性的效果。逆光人像照效果如图 2-93 所示。在 Firefly 中，运用“逆光”样式可以为图片添加逆光效果，具体操作步骤如下。

图 2-93　逆光人像照效果

STEP 01 进入“文字生成图像”页面，输入相应关键词，单击“生成”按钮，Firefly 将根据关键词自动生成 4 张图片，如图 2-94 所示。

图 2-94　生成 4 张人像图片

STEP 02 在页面右侧的“光照”列表框中，选择“逆光”选项，然后设置“宽高比”为“宽屏（16:9）”，单击“生成”按钮，即可重新生成逆光的图片效果，如图 2-95 所示。

图 2-95 重新生成逆光的图片效果

STEP 03 选择其中合适的一张进行放大，单击图片预览大图效果，在图片右上角单击“更多选项”按钮，在弹出的下拉菜单中选择“下载”命令，即可下载图片。

## 2.5.8 花卉的特写镜头

“合成”样式中包含了多种构图风格，构图可以影响图像的视觉吸引力、表达力和传达的信息，良好的构图可以吸引观众的目光，将观众的注意力集中在图像中的关键元素上。Firefly 中内置了多种“合成”样式，如特写、广角、浅景深、仰拍以及微距摄影等类型，选择不同的“合成”样式可以为画面带来不同的视觉效果。

扫码看视频

特写是一种将拍摄的焦点放在近距离的被拍摄对象上，突出显示被拍摄对象的细节和特定元素的拍摄技术。在 Firefly 中，运用“特写”样式可以使图片产生特写的镜头效果，显示物体的细微特征和表面细节，从而使观众能够更清晰地观察和欣赏主体对象。图 2-96 所示为花卉的特写镜头效果。下面介绍使用特写镜头生成花卉的具体操作方法。

图 2-96 花卉的特写镜头效果

STEP 01 进入“文字生成图像”页面，输入相应关键词，单击“生成”按钮，Firefly 将根据关键词自动生成 4 张图片，如图 2-97 所示。

图 2-97　生成 4 张花卉图片

STEP 02 在页面右侧的“合成”列表框中，选择“特写”选项，然后设置“宽高比”为“宽屏（16:9）”，单击“生成”按钮，即可重新生成特写镜头的图片效果，如图 2-98 所示。

图 2-98　重新生成特写镜头的图片效果

**专家指点**

特写镜头可以营造出一种近距离观察和亲密感的体验，观众通过特写镜头可以体会到与被拍摄对象之间的亲近感，可以“身临其境”地观察到被拍摄对象的细节。特写镜头在图像中可以通过突出显示细节、增强情感、强调主题、探索艺术性以及营造亲密感等方式，为观众提供更加深入和个性化的视觉体验。

STEP 03 选择其中合适的一张进行放大，单击图片预览大图效果，在图片右上角单击“更多选项”按钮，在弹出的下拉菜单中选择“下载”命令，即可下载图片。

# 第3章 锦上添花，创意填充

## 章前知识导读

Firefly 的“创意填充”功能是指使用 AI 技术自动生成、填充或完善绘画作品，该功能可以用于自动完成草图或线稿、添加细节或纹理、改善色彩和构图等。本章主要介绍使用 Firefly 中“创意填充”的操作方法。

## 新手重点索引

- 创意填充的绘画区域
- 创意填充的画笔参数
- 创意填充的案例实战

## 效果图片欣赏

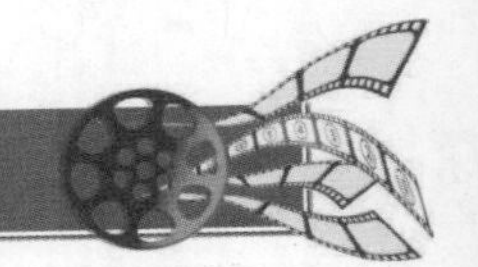

## 3.1 创意填充的绘画区域

使用 Firefly 中的“创意填充”功能可以对绘画区域进行编辑，在了解“创意填充”之前，首先需要掌握编辑绘画区域的基本操作，只有灵活控制绘画区域，才能更好地生成绘图效果。本节主要介绍创意填充的绘画区域知识，让用户对 Firefly 的功能更加了解。

### 3.1.1 添加绘画区域

扫码看视频

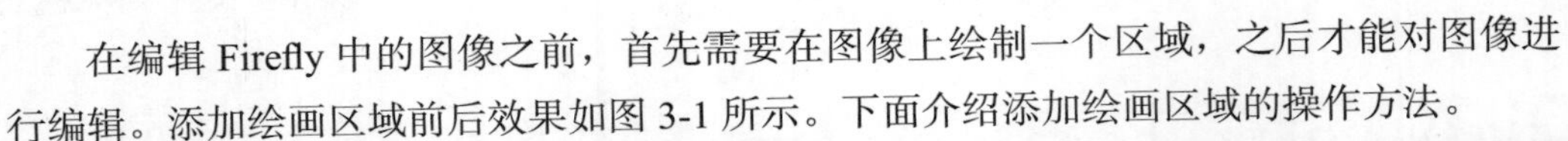

在编辑 Firefly 中的图像之前，首先需要在图像上绘制一个区域，之后才能对图像进行编辑。添加绘画区域前后效果如图 3-1 所示。下面介绍添加绘画区域的操作方法。

图 3-1 添加绘画区域前后效果

STEP 01 进入 Adobe Firefly 主页，在“创意填充”选项区中单击“生成”按钮，如图 3-2 所示。

STEP 02 执行操作后，进入“创意填充”页面，单击“上传图像”按钮，如图 3-3 所示。

图 3-2 单击“生成”按钮

使用画笔移除对象，或者绘制新对象
要开始使用，请选择一个示例资产或上传图像
上传图像
单击
或者将图像文件拖放到此处

图 3-3 单击“上传图像”按钮

STEP 03 执行操作后，弹出“打开”对话框，选择一张素材图片，如图 3-4 所示。

STEP 04 单击“打开”按钮，即可上传素材并进入“创意填充”编辑页面，如图 3-5 所示。

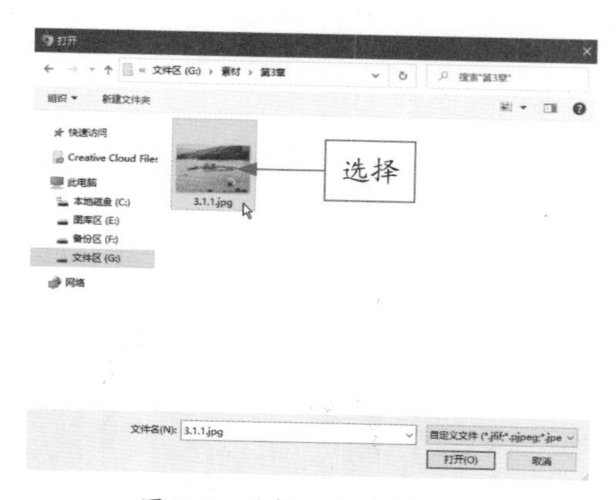


图 3-4　选择一张素材图片

图 3-5　上传素材并进入“创意填充”编辑页面

STEP 05 在页面下方选择“添加”画笔工具，在图片中的适当位置进行涂抹，涂抹的区域呈透明状态显示，如图 3-6 所示，这个透明区域即绘画区域。

STEP 06 用同样的方法，在图片中的其他位置进行涂抹，将需要绘画的区域涂抹成透明区域，如图 3-7 所示，即可添加绘画区域。

图 3-6　涂抹的区域呈透明状态显示

图 3-7　在其他位置进行涂抹

STEP 07 在页面下方单击“生成”按钮，此时 Firefly 将对涂抹的区域进行绘图。在工具栏中可以选择不同的图像效果，例如选择第 2 个图像效果，单击“保留”按钮，如图 3-8 所示，即可应用生成的图像效果。

STEP 08 在页面右上角的位置，单击“下载”按钮，如图 3-9 所示。执行操作后，即可保存图像。

图 3-8　单击“保留”按钮

图 3-9　单击“下载”按钮

### 3.1.2　减去绘画区域

扫码看视频

当用户使用“添加”画笔工具在图像上涂抹的区域过大时，可以运用“减去”画笔工具进行涂抹，减去多余的透明区域，减去绘画区域前后效果如图 3-10 所示。下面向用户详细介绍减去绘画区域的操作方法。

图 3-10　减去绘画区域前后效果

STEP 01 进入“创意填充”页面，单击“上传图像”按钮，上传一张素材图片并进入“创意填充”编辑页面，如图 3-11 所示。

图 3-11　进入“创意填充”编辑页面

STEP 02 选择“添加”画笔工具，在图片中的适当位置进行涂抹，涂抹的区域呈透明状态显示，如图 3-12 所示。

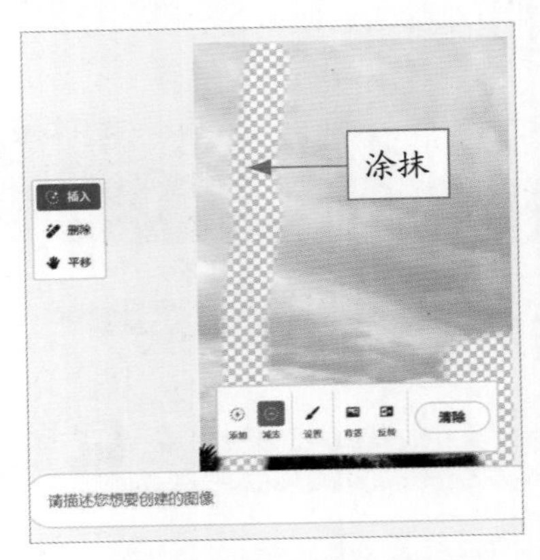


图 3-12　在图片上进行涂抹

STEP 03 在页面下方选择“减去”画笔工具，在画面中涂抹不需要的部分，如图 3-13 所示，即可减去绘画区域。

图 3-13　减去绘画区域

STEP 04 在页面下方单击“生成”按钮，此时 Firefly 将对涂抹的区域进行绘图，单击“保留”按钮，如图 3-14 所示，即可应用生成的图像效果。

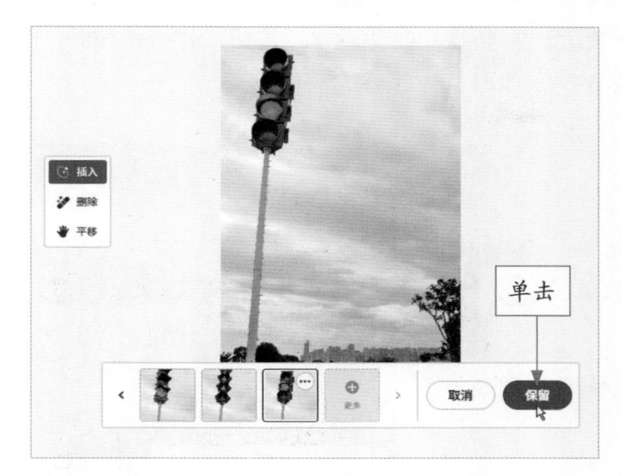


图 3-14　单击“保留”按钮

## 3.2 创意填充的画笔参数

设计师在绘图的过程中，根据图片上需要绘图的区域大小，可以设置画笔的大小与硬度属性，使画笔的大小贴合绘图的需要，这样可以提高绘图效率。本节主要介绍设置画笔大小与硬度的操作方法。

### 3.2.1　设置画笔大小

在图片上创建透明的绘画区域时，可以根据要涂抹的区域大小来设置画笔笔刷的大小，以此对图像进行编辑，设置画笔大小前后的图像效果如图 3-15 所示。下面介绍设置画笔大小的操作方法。

扫码看视频

图 3-15　设置画笔大小前后的图像效果

STEP 01 在“创意填充”页面中，上传一张素材图片，如图 3-16 所示。

STEP 02 在工具栏中单击“设置”按钮，弹出列表框，向右拖曳“画笔大小”下方的滑块，直至参数显示为 76%，如图 3-17 所示，将画笔调大。

STEP 03 选择“添加”画笔工具在图片上进行适当涂抹，将画面中的小船涂抹掉，如图 3-18 所示。

STEP 04 再次单击“设置”按钮，弹出列表框，向左拖曳“画笔大小”下方的滑块，直至参数显示为43%，如图 3-19 所示，将画笔调小。

图 3-16　上传一张素材图片

图 3-17　设置“画笔大小”参数为 76%

图 3-18　将小船涂抹掉

图 3-19　设置“画笔大小”参数为 43%

STEP 05 在图片上进行适当涂抹，将右侧的小山涂抹掉，如图 3-20 所示。

STEP 06 在页面下方单击“生成”按钮，此时 Firefly 将对涂抹的区域进行绘图，在工具栏中选择第 2 个图像，单击“保留”按钮，如图 3-21 所示，即可应用生成的图像效果。

图 3-20　将小山涂抹掉

图 3-21　单击“保留”按钮

## 3.2.2　设置画笔硬度

画笔硬度是指笔刷的硬度或柔软程度，较高的画笔硬度表示笔刷边缘更加锐利，较低的画笔硬度则表示笔刷边缘更加柔和，画笔硬度的调整会影响笔触的特性和最终生成的图像效果。设置画笔硬度前后的图像效果如图 3-22 所示。下面介绍设置画笔硬度的操作方法。

扫码看视频

图 3-22　设置画笔硬度前后的图像效果

STEP 01 在“创意填充”页面中，上传一张素材图片，如图 3-23 所示。

STEP 02 在工具栏中单击“设置”按钮，弹出列表框，向右拖曳“画笔硬度”下方的滑块，直至参数显示为 100%，如图 3-24 所示，使笔刷边缘更加锐利，绘制出来的透明区域边缘比较生硬。

图 3-23　上传一张素材图片



图 3-24　设置“画笔硬度”参数为 100%

STEP 03 选择“添加”画笔工具在画面中的石柱上进行适当涂抹，将石柱涂抹掉，如图 3-25 所示。

STEP 04 再次单击“设置”按钮，弹出列表框，向左拖曳“画笔硬度”下方的滑块，直至参数显示为 0%，如图 3-26 所示，使绘制出来的透明区域边缘比较柔和。

STEP 05 选择“添加”画笔工具在图片上的人物处进行多次涂抹，将人物涂抹掉，如图 3-27 所示，此时绘制出来的透明区域羽化较多，边缘比较柔和。

STEP 06 在页面下方单击“生成”按钮，此时 Firefly 将对涂抹的区域进行绘图，在工具栏中选择第 3 个图像效果，单击“保留”按钮，如图 3-28 所示，即可应用生成的图像效果。

图 3-25　将画面中的石柱涂抹掉

图 3-26　设置“画笔硬度”参数为 0%

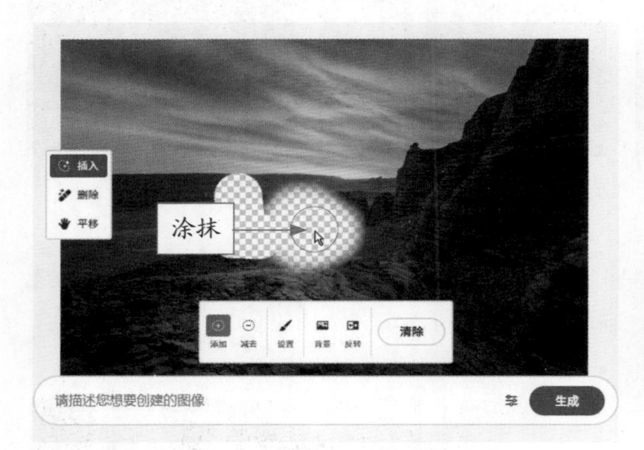


图 3-27　将图片中的人物涂抹掉

图 3-28　单击“保留”按钮

## 3.2.3　设置画笔不透明度

扫码看视频

在绘画中，画笔不透明度是指笔刷应用到图像上时的透明程度。画笔不透明度数值越高，绘画的区域越透明；数值越低，绘画的区域越不透明。通过调整“画笔不透明度”参数，可以控制绘画效果的透明度，设置画笔不透明度后的图像效果如图 3-29 所示。下面介绍设置画笔不透明度的方法。

图 3-29　设置画笔不透明度后的图像效果

STEP 01 在“创意填充”页面中，上传一张素材图片，如图 3-30 所示。

STEP 02 在工具栏中单击“设置”按钮，弹出列表框，拖曳“画笔不透明度”下方的滑块，设置参数为 100%，如图 3-31 所示，表示被涂抹的区域完全透明。

图 3-30　上传一张素材图片

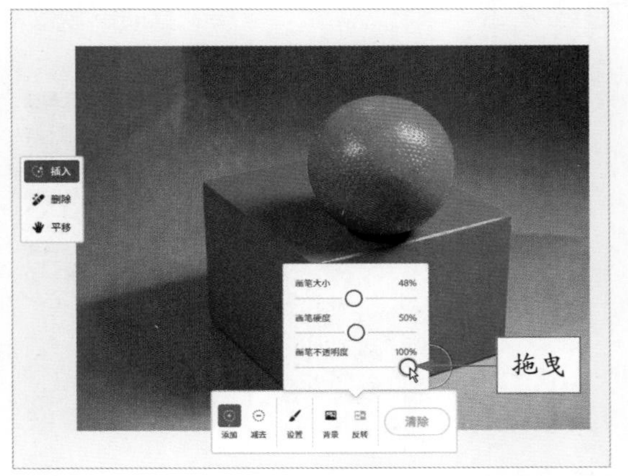


图 3-31　设置“画笔不透明度”参数为 100%

**专家指点**

在“创意填充”页面中，一般情况下“画笔不透明度”参数均设置为 100%，这样重新生成的效果更令人满意。

STEP 03 选择“添加”画笔工具在图片边缘进行适当涂抹，如图 3-32 所示，使画面显得干净、整洁。

STEP 04 重新设置“画笔不透明度”参数为 37%，在图片的右上角位置进行涂抹，如图 3-33 所示，可以看到涂抹过的区域还有灰色阴影，不完全透明。

**专家指点**

如果用户对 Firefly 生成的图像效果不满意，此时可以单击“取消”按钮，然后重新涂抹需要绘图的区域，再单击“生成”按钮即可重新生成图像。

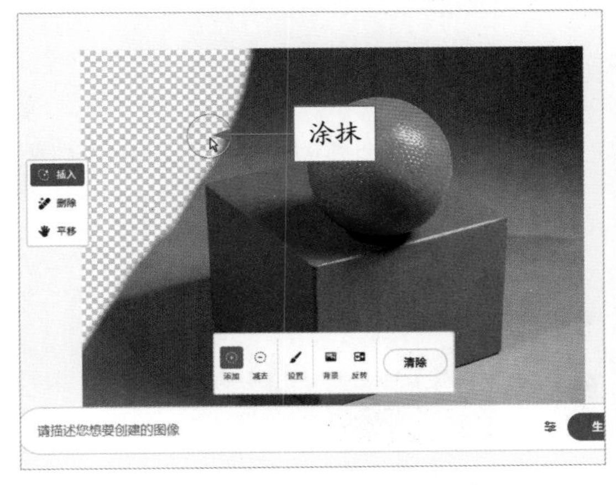


图 3-32　在图片边缘进行适当涂抹

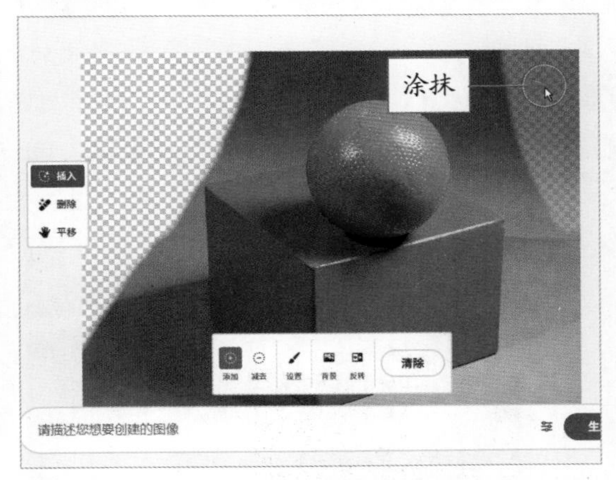


图 3-33　在图片右上角位置进行涂抹

STEP 05 单击“生成”按钮，即可对涂抹的区域进行绘图，可以看到大部分区域已经修复好，而设置“画笔不透明度”参数为37%时被涂抹的区域，效果不是很明显，如图3-34所示，这就是画笔不透明度为100%和37%的区别。

STEP 06 单击“保留”按钮，应用生成的图像效果，如图3-35所示。

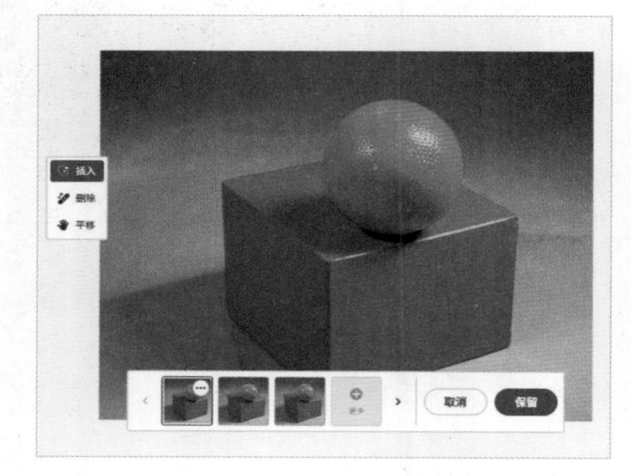


图3-34 生成的图像效果

图3-35 应用生成的图像效果

## 3.2.4 编辑画面背景

在“创意填充”编辑页面中，使用“背景”工具可以快速去除图像背景，将主体图像抠出，并生成新的背景，生成新的画面背景前后对比效果如图3-36所示，具体操作方法如下。

扫码看视频

图3-36 生成新的画面背景前后对比效果

STEP 01 在“创意填充”页面中，上传一张素材图片，如图3-37所示。

STEP 02 在工具栏中，单击“背景”按钮，Firefly将快速去除主体对象的背景，如图3-38所示。

图3-37 上传一张素材图片

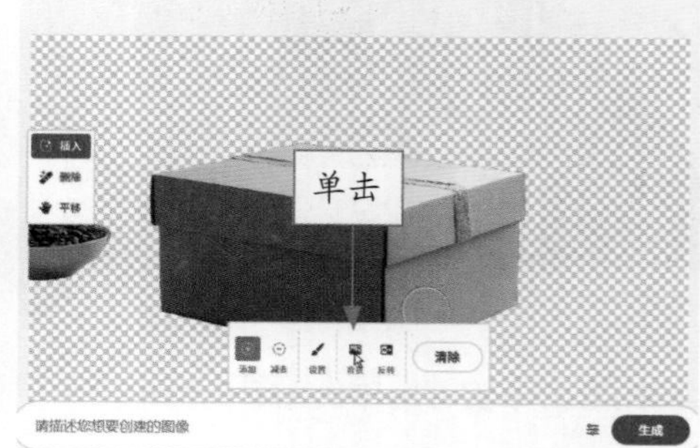


图3-38 快速去除主体对象的背景

STEP 03 在页面下方的关键词输入框中输入“渐变背景”，如图 3-39 所示。

STEP 04 单击“生成”按钮，即可生成相应的背景效果，如图 3-40 所示。

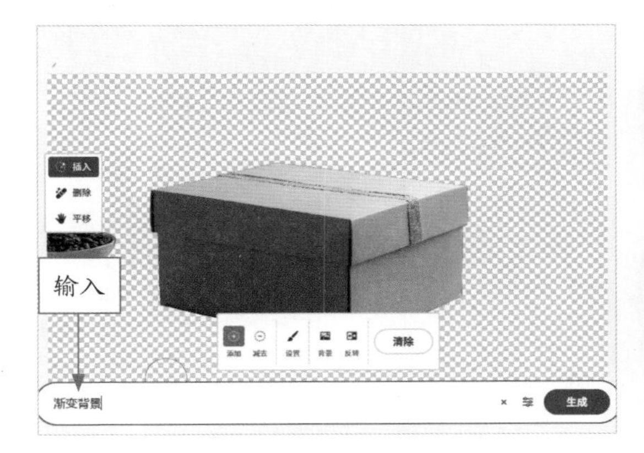


图 3-39　输入相应关键词

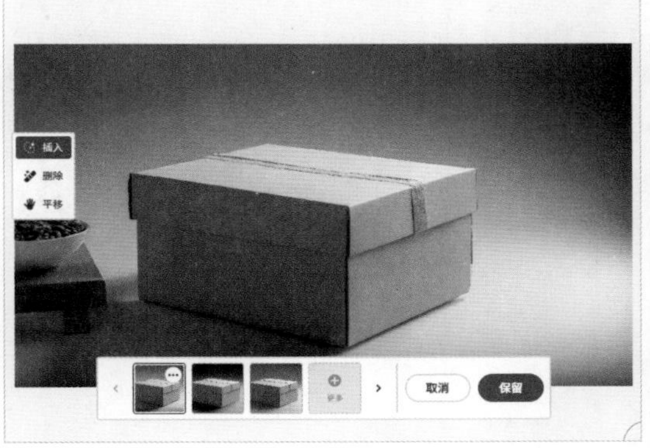


图 3-40　生成相应的背景效果

## 3.3 创意填充的案例实战

“创意填充”功能为图像设计提供了一种实用的创意工具，它可以用于加快创作过程、探索新颖的创作方向，本节将通过案例来详细介绍这种强大功能的具体用法。

### 3.3.1　去除画面中的路人

当我们在旅游景点拍摄风光照片时，有时候路人会影响整个画面的质感，此时可以在“创意填充”编辑页面中，移除画面中的路人，效果如图 3-41 所示，具体操作步骤如下。

扫码看视频

图 3-41　移除画面中路人的效果

STEP 01 在“创意填充”页面中，上传一张素材图片，如图 3-42 所示。

STEP 02 选择“添加”画笔工具在图片中的人物和影子处进行适当涂抹，如图 3-43 所示，涂抹的区域呈透明状态显示。

STEP 03 单击“生成”按钮，此时 Firefly 将对涂抹的区域进行绘图；单击“保留”按钮，如图 3-44 所示。

STEP 04 执行操作后，即可快速移除画面中的路人，效果如图 3-45 所示。

图 3-42　上传一张素材图片

图 3-43　在人物和影子处进行适当涂抹

图 3-44　单击“保留”按钮

图 3-45　移除画面中路人后效果

## 3.3.2　给人物更换衣服

扫码看视频

如果觉得照片中人物的服装不好看，此时可以通过“创意填充”功能给人物换一件衣服，效果如图 3-46 所示，具体操作步骤如下。

图 3-46　给人物更换衣服效果

STEP 01 在“创意填充”页面中，上传一张素材图片，如图 3-47 所示。

STEP 02 选择“添加”画笔工具在图片中人物的衬衫处进行涂抹，如图 3-48 所示，涂抹的区域呈透明状态显示。在绘图过程中用户可以自由调节画笔大小。

图 3-47　上传一张素材图片

图 3-48　在衬衫处进行涂抹

STEP 03 在页面下方的关键词输入框中输入“一件灰色的外套”，如图 3-49 所示，然后单击“生成”按钮。

STEP 04 执行操作后，即可生成相应的人物服装效果，如图 3-50 所示。

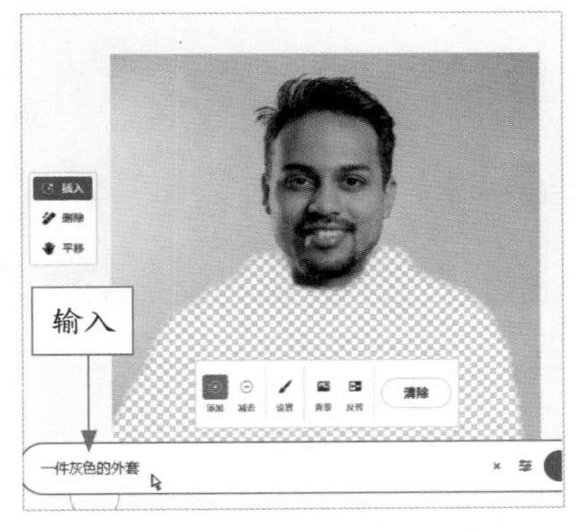


图 3-49　输入“一件灰色的外套”

图 3-50　生成相应的人物服装效果

## 3.3.3　给风光照片换一个天空

扫码看视频

由于拍摄环境的影响，会导致拍摄出来的照片天空效果不太好，此时使用 Firefly 可以给照片换一个天空，效果如图 3-51 所示，具体操作方法如下。

图 3-51　给照片换天空效果

STEP 01 在“创意填充”页面中，上传一张素材图片，如图 3-52 所示。

STEP 02 选择“添加”画笔工具在照片中的天空处进行涂抹，如图 3-53 所示，涂抹的区域呈透明状态显示。

图 3-52　上传一张素材图片

图 3-53　在天空处进行涂抹

STEP 03 在页面下方的输入框中输入“蔚蓝色的天空”，单击“生成”按钮，如图 3-54 所示。

STEP 04 执行操作后，即可给照片换一个天空，选择第 2 个效果，如图 3-55 所示。

图 3-54　单击“生成”按钮

图 3-55　选择第 2 个效果

STEP 05 单击“保留”按钮，即可应用生成的图像效果。

### 3.3.4　给高速公路添加白线

在“创意填充”页面中，用户可根据需要为高速公路添加一条白色的标志线，效果如图 3-56 所示，具体操作方法如下。

扫码看视频

图 3-56　给高速公路添加白线效果

STEP 01 在“创意填充”页面中，上传一张素材图片，如图 3-57 所示。

STEP 02 选择“添加”画笔工具在照片中的适当位置进行涂抹，如图 3-58 所示，涂抹的区域呈透明状态显示。

图 3-57　上传一张素材图片

图 3-58　在适当位置进行涂抹

STEP 03 在关键词输入框中输入“公路上的白色线条”，单击“生成”按钮，如图 3-59 所示。

STEP 04 执行操作后，即可生成相应的图像效果，选择第 3 个效果，如图 3-60 所示。

图 3-59　单击“生成”按钮

图 3-60　选择第 3 个效果

STEP 05 单击“保留”按钮，即可应用生成的图像效果。

## 3.3.5　为蓝天白云添加飞鸟

飞鸟可以给画面起到装饰的作用，可以为画面带来生机与活力，添加飞鸟效果如图 3-61 所示。下面介绍为蓝天白云添加一群飞鸟的方法，具体操作步骤如下。

扫码看视频

图 3-61　添加飞鸟效果

**STEP 01** 在“创意填充”页面中，上传一张素材图片，如图 3-62 所示。

**STEP 02** 选择“添加”画笔工具在照片中的天空处进行涂抹，如图 3-63 所示，涂抹的区域呈透明状态显示。

图 3-62　上传一张素材图片

图 3-63　在天空处进行涂抹

**STEP 03** 在页面下方的关键词输入框中输入“一群鸟飞过”，单击“生成”按钮，如图 3-64 所示。

**STEP 04** 执行操作后，即可在画面中添加一群飞鸟，效果如图 3-65 所示。

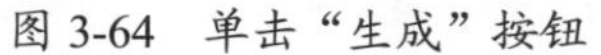

图 3-64　单击“生成”按钮

图 3-65　在画面中添加一群飞鸟效果

## 3.3.6　更换人物的发型

发型在外貌和形象中起着重要的作用，一个适合自己的发型可以使人感到更加自信和满意，在外貌上也能更好地展示出自己的风格，更换人物的发型效果如图 3-66 所示。下面介绍更换人物发型的方法，具体操作步骤如下。

扫码看视频

图 3-66　更换人物的发型效果

STEP 01 在“创意填充”页面中，上传一张素材图片，如图 3-67 所示。

STEP 02 选择“添加”画笔工具在人物的头发处进行涂抹，如图 3-68 所示，涂抹的区域呈透明状态显示。

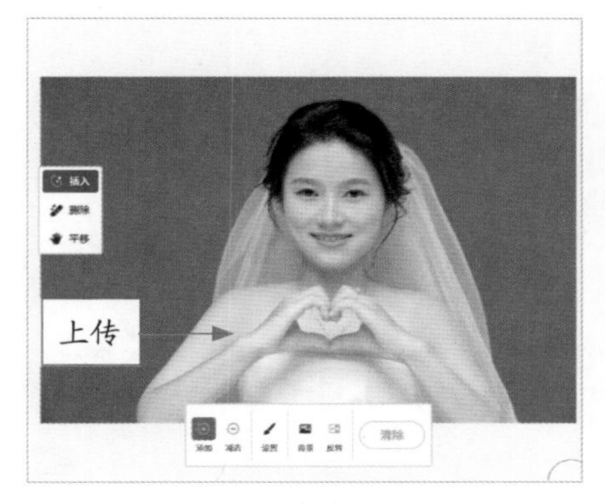


图 3-67　上传一张素材图片

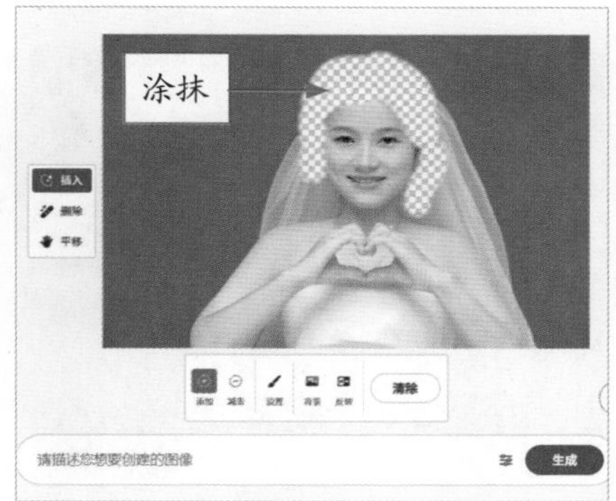


图 3-68　在人物的头发处进行涂抹

STEP 03 在页面下方的关键词输入框中输入“粉色的发型”，单击“生成”按钮，如图 3-69 所示。

STEP 04 执行操作后，即可更换人物的发型，选择第 2 个效果，如图 3-70 所示。

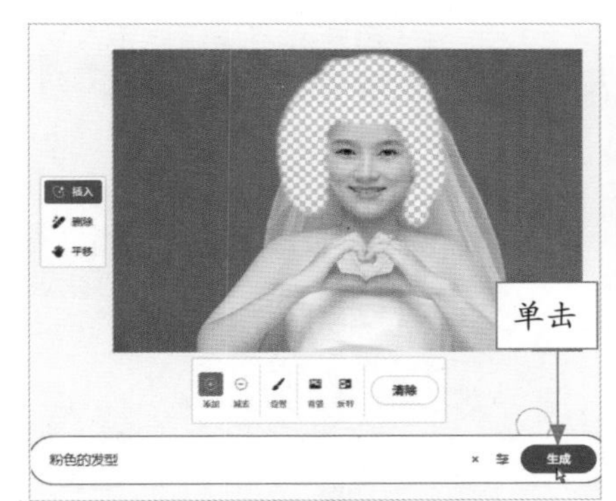


图 3-69　单击“生成”按钮

图 3-70　选择第 2 个效果

STEP 05 单击“保留”按钮，即可应用生成的图像效果。

## 3.3.7　更换照片的四季风景

在“创意填充”编辑页面中涂抹图像后，输入相应的关键词，可以更换照片的四季风景，如将春景更换为秋景或冬景，更换照片季节效果如图 3-71 所示。更换照片四季风景的具体操作步骤如下。

扫码看视频

图 3-71　更换照片季节效果

STEP 01 在“创意填充”页面中，上传一张素材图片，如图 3-72 所示。

STEP 02 选择“添加”画笔工具在图片中的绿色场景处进行涂抹，如图 3-73 所示，涂抹的区域呈透明状态显示。

图 3-72 上传一张素材图片

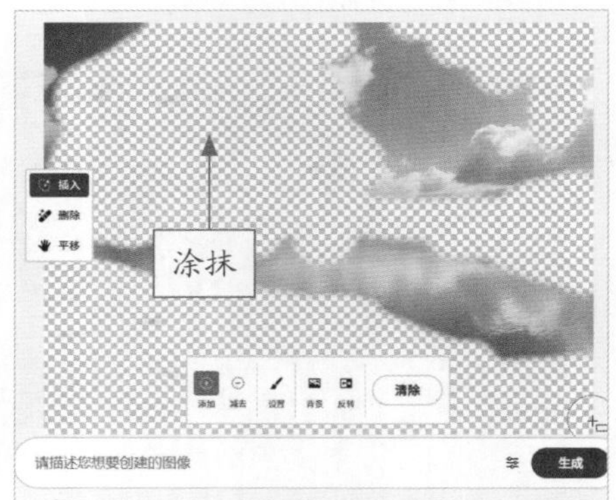


图 3-73 在绿色场景处进行涂抹

STEP 03 在页面下方的关键词输入框中输入“秋天的场景”，单击“生成”按钮，如图 3-74 所示。

STEP 04 执行操作后，即可将照片中的春景改为秋景，效果如图 3-75 所示。

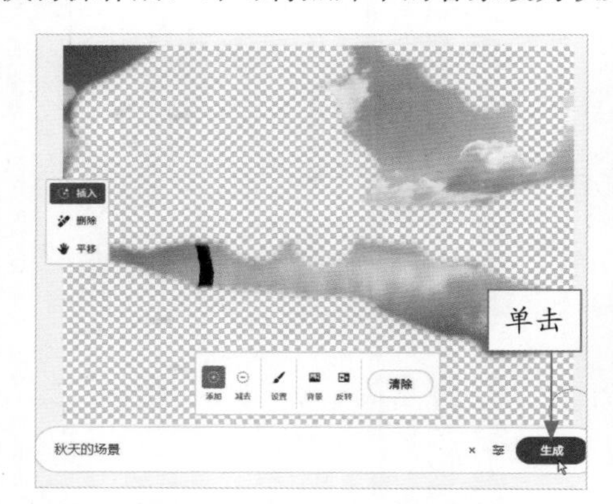

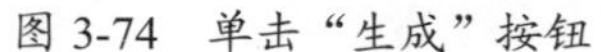
图 3-74 单击“生成”按钮

图 3-75 将春景改为秋景效果

## 3.3.8 更换照片背景

如果用户觉得拍摄出来的照片背景不好看，此时可以在“创意填充”页面中更换照片的背景，使画面效果更加符合要求，更换照片背景效果如图 3-76 所示。更换照片背景的具体操作步骤如下。

扫码看视频

图 3-76 更换照片背景效果

STEP 01 在“创意填充”页面中，上传一张素材图片，如图 3-77 所示。

STEP 02 选择“添加”画笔工具在照片的背景处进行涂抹，如图 3-78 所示，涂抹的区域呈透明状态显示。

图 3-77　上传一张素材图片

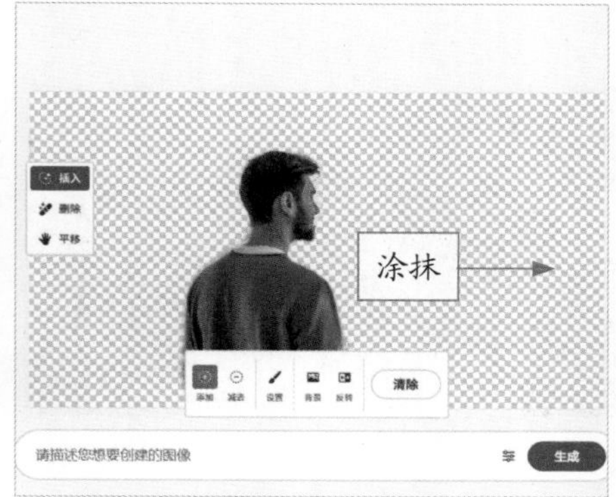


图 3-78　在照片的背景处进行涂抹

STEP 03 在页面下方的关键词输入框中输入“秋天的风景，背景模糊”，单击“生成”按钮，如图 3-79 所示。

STEP 04 执行操作后，即可更换照片的背景，如图 3-80 所示。

图 3-79　单击“生成”按钮

图 3-80　更换照片的背景

## 3.3.9　在图片中添加湖泊

扫码看视频

在图片中的适当位置添加一个湖泊，可以使画面主体突出、更有风光照片的韵味，添加湖泊效果如图 3-81 所示。下面介绍在图片中添加湖泊的具体操作方法。

图 3-81　添加湖泊效果

STEP 01 在“创意填充”页面中，上传一张素材图片，如图 3-82 所示。

STEP 02 选择“添加”画笔工具在图片中的适当位置进行涂抹，如图 3-83 所示，涂抹的区域呈透明状态显示。

图 3-82　上传一张素材图片

STEP 03 在页面下方的关键词输入框中输入“湖泊”，单击“生成”按钮，即可在草原上添加一个湖泊，在工具栏中选择第 3 个图像效果，如图 3-84 所示。

STEP 04 单击“保留”按钮，即可生成相应的图像效果，如图 3-85 所示。

图 3-83　在适当位置进行涂抹

图 3-84　选择第 3 个图像效果

图 3-85　生成相应的图像效果

## 3.3.10　在草地上添加树和房子

扫码看视频

通过输入关键词“房子”和“大树”可以在图片上添加一个房子和一棵树，效果如图 3-86 所示，具体操作步骤如下。

图 3-86　添加树和房子效果

STEP 01 在“创意填充”页面中，上传一张素材图片，如图 3-87 所示。

STEP 02 选择“添加”画笔工具在图片中的适当位置进行涂抹，如图 3-88 所示，涂抹的区域呈透明状态显示。

图 3-87　上传一张素材图片

图 3-88　在适当位置进行涂抹

STEP 03 在页面下方的关键词输入框中输入“房子”，单击“生成”按钮，即可在草地上添加一个房子，在工具栏中选择第 3 个图像效果，如图 3-89 所示。

STEP 04 单击“保留”按钮，即可生成相应的图像效果。用同样的方法，通过输入关键词“大树”，在房子的左侧添加一棵树，效果如图 3-90 所示。

图 3-89　选择第 3 个图像效果

图 3-90　在房子左侧添加一棵树

## 3.3.11　在包上添加蝴蝶结装饰

使用“创意填充”功能可以在一个女包上添加蝴蝶结装饰，效果如图 3-91 所示，具体操作方法如下。

扫码看视频

图 3-91　在女包上添加蝴蝶结装饰效果

STEP 01 进入 Adobe Firefly 主页，在“创意填充”选项区中单击“生成”按钮，如图 3-92 所示。

STEP 02 执行操作后，进入“创意填充”页面，单击“上传图像”按钮，如图 3-93 所示。

图 3-92 单击“生成”按钮

图 3-93 单击“上传图像”按钮

STEP 03 弹出“打开”对话框，选择相应的素材图像，如图 3-94 所示。

STEP 04 单击“打开”按钮，即可上传素材图像并进入“创意填充”编辑页面，如图 3-95 所示。

图 3-94 选择相应的素材图像

图 3-95 上传素材图像并进入“创意填充”编辑页面

STEP 05 在页面下方单击“添加”按钮，在女包图像上进行涂抹，涂抹的区域呈透明状态显示，如图 3-96 所示。

STEP 06 在页面下方输入关键词“蝴蝶结”，单击“生成”按钮，如图 3-97 所示。

图 3-96 涂抹图像

图 3-97 单击“生成”按钮

STEP 07 执行操作后，即可在涂抹的透明区域中生成一个蝴蝶结图像，效果如图 3-98 所示。

STEP 08 在页面下方可以选择不同的蝴蝶结图像，例如选择第 2 个蝴蝶结图像，效果如图 3-99 所示。

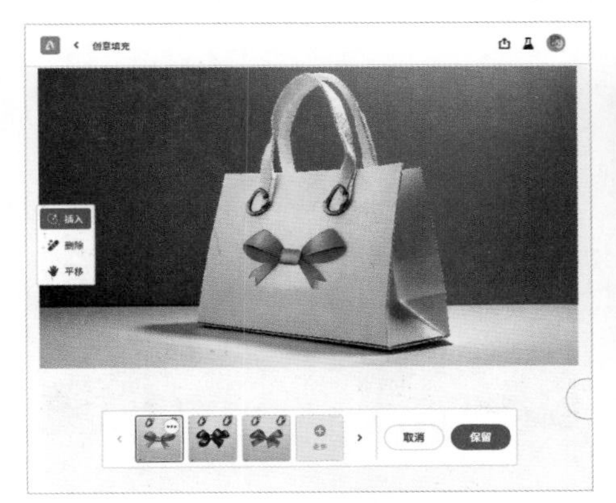


图 3-98　生成蝴蝶结图像效果

图 3-99　选择第 2 个蝴蝶结图像效果

STEP 09 单击“更多”按钮，可以重新生成蝴蝶结图像，选择相应的图像，效果如图 3-100 所示。单击“保留”按钮，即可应用生成的图像。

图 3-100　选择相应的图像效果

## 3.3.12　修复建筑图像中的瑕疵

扫码看视频

在拍摄建筑时，有时难免会拍到一些对画面产生视觉干扰的元素，利用 Firefly 可以轻松去除这些瑕疵，还原建筑图像的纯净感，效果如图 3-101 所示，具体操作方法如下。

图 3-101　修复建筑图像中的瑕疵效果

STEP 01 在“创意填充”编辑页面中，上传一幅素材图像，如图 3-102 所示。

STEP 02 在页面下方单击“设置”按钮，弹出列表框，向左拖曳“画笔大小”滑块，将其参数设置为 25%，如图 3-103 所示，调小画笔。

图 3-102　上传素材图像

图 3-103　设置“画笔大小”参数

STEP 03 在图像中的绿植上进行涂抹，涂抹的区域呈透明状态显示，如图 3-104 所示。

STEP 04 单击“生成”按钮，此时 Firefly 将对涂抹的区域进行填充，在页面下方可以选择不同的填充图像，例如选择第 2 个填充图像，效果如图 3-105 所示。

图 3-104　涂抹图像

图 3-105　选择第 2 个填充图像效果

STEP 05 单击“保留”按钮，即可应用生成的图像。

### 3.3.13　把照片中的兔子变成小猫

扫码看视频

Firefly 可以非常容易地替换图像中的某些元素，如把照片中的兔子变成小猫，让画面更有趣，如图 3-106 所示，具体操作方法如下。

图 3-106　把兔子变成小猫的效果

**STEP 01** 在“创意填充”编辑页面中，上传一幅素材图像，如图 3-107 所示。

**STEP 02** 在页面下方单击“设置”按钮，弹出列表框，向右拖曳“画笔硬度”滑块，将其参数设置为 100%，如图 3-108 所示，将画笔硬度调到最硬。

图 3-107　上传素材图像

图 3-108　设置“画笔硬度”参数

> **专家指点**
>
> 使用较硬的画笔涂抹图像时，笔刷边缘更加锐利，涂抹出来的透明区域边缘比较清晰；使用较软的画笔涂抹图像时，涂抹出来的透明区域边缘比较柔和。

**STEP 03** 在图像中的兔子上进行涂抹，涂抹的区域呈透明状态显示，如图 3-109 所示。

**STEP 04** 在页面下方输入关键词“白色小猫”，单击“生成”按钮，如图 3-110 所示。

图 3-109　涂抹图像

图 3-110　单击“生成”按钮

**STEP 05** 执行操作后，即可在涂抹的透明区域中生成小猫图像，在页面下方选择第 2 个小猫图像，效果如图 3-111 所示。

**STEP 06** 单击“保留”按钮，即可应用生成的图像，生成图像的最终效果如图 3-112 所示。

图 3-111 选择第 2 个小猫图像效果

图 3-112 生成图像的最终效果

## 3.3.14 更换图像中的美食主体

扫码看视频

在“创意填充”编辑页面中，单击“背景”按钮抠图后，还可以单击“反转”按钮反转抠图效果，只保留背景图像，再利用“创意填充”功能生成新的主体对象。更换图像中的美食主体效果如图 3-113 所示，更换的具体操作方法如下。

图 3-113 更换图像中的美食主体效果

**STEP 01** 在“创意填充”编辑页面中，上传一幅素材图像，如图 3-114 所示。

**STEP 02** 单击“背景”按钮，去除美食图像的背景，效果如图 3-115 所示。

图 3-114 上传素材图像

图 3-115 去除背景效果

**STEP 03** 单击“反转”按钮，反转抠图效果，如图 3-116 所示。

STEP 04 在页面下方单击“添加”按钮，在透明区域的边缘处进行涂抹，适当扩大透明区域，如图 3-117 所示；再单击“减去”按钮，删除图中多余的透明区域。

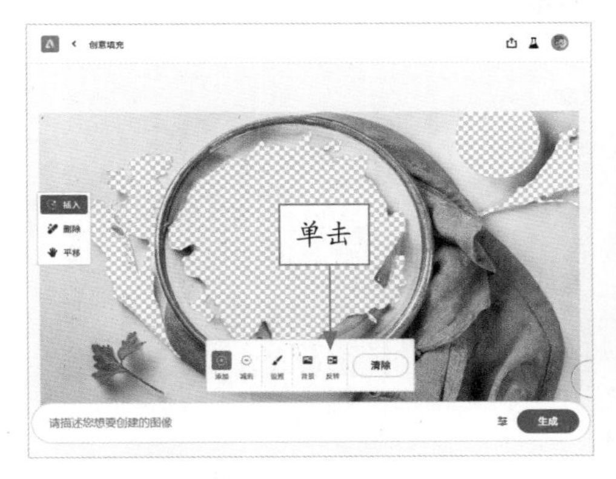


图 3-116　反转抠图效果

图 3-117　适当扩大透明区域

STEP 05 在页面下方的关键词输入框中输入“一只烤鸭”，单击“生成”按钮，如图 3-118 所示。

STEP 06 执行操作后，即可在透明区域中生成烤鸭图像；在页面下方选择第 2 个图像，单击“保留”按钮，即可应用生成的图像，生成图像的最终效果如图 3-119 所示。

图 3-118　单击“生成”按钮

图 3-119　生成图像的最终效果

## 3.3.15　去除照片中的水印

扫码看视频

在“创意填充”编辑页面中，使用删除工具可以快速去除图像中不需要的元素，如去除照片中的水印等，效果如图 3-120 所示，具体操作方法如下。

图 3-120　去除照片中的水印效果

STEP 01 在“创意填充”编辑页面中，上传一幅素材图像，在页面左侧的工具栏中，选择“删除”工具，如图 3-121 所示，此时页面底部的关键词输入框消失了。

STEP 02 在要去除的时间水印部分进行涂抹，如图 3-122 所示，涂抹的区域呈透明状态显示。

图 3-121　选择删除工具

图 3-122　涂抹时间水印

STEP 03 单击“删除”按钮，即可去除时间水印，并在透明区域中填充背景图像，在页面下方选择第 2 个填充图像，效果如图 3-123 所示。

图 3-123　选择第 2 个填充图像效果

STEP 04 单击“保留”按钮，即可确认水印去除操作，生成图像的最终效果如图 3-124 所示。

图 3-124　生成图像的最终效果

# 第4章

# 一键生成，文字效果

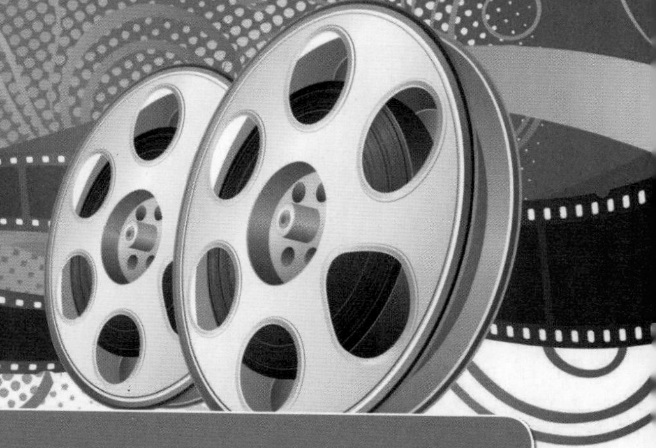

## 章前知识导读

Firefly 中的“文字效果”功能是指对文字进行艺术化处理，使其在视觉上更加吸引人或突出某种特点，以提高信息传递的效果。本章主要介绍使用 Firefly 的“文字效果”制作文字特效的方法。

## 新手重点索引

- 调整文本的匹配形状
- 调整文字的字体与背景色
- 常见的文字示例效果
- 文字效果的案例实战

## 效果图片欣赏

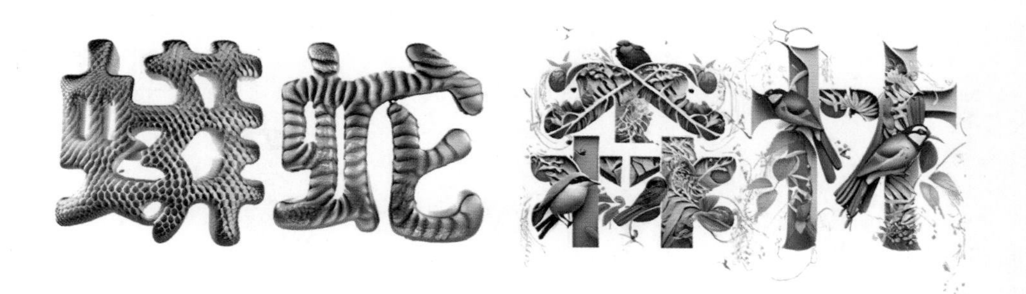

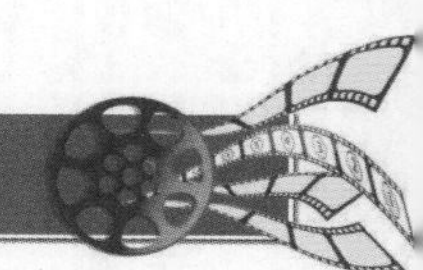

## 4.1 调整文本的匹配形状

在“文字效果”页面中，通过设置文本的“匹配形状”属性，可以使其在视觉上更加吸引人或突出某种特点，包括应用特殊的字体、描边以及阴影等效果，以改变文字的外观和呈现方式。

### 4.1.1 文本“紧致”效果

“紧致”是一个用于描述文本与其周围空间或元素之间的紧密程度的术语，它能够表示文本与周围元素的紧凑性。应用“紧致”效果可以在视觉上创造出一种紧凑、集中的文本外观。

为文本应用“紧致”效果的操作很简单，首先进入“文字效果”页面，在输入框左侧输入文本 Butterfly，在输入框右侧输入关键词“玫瑰花和蝴蝶”，单击“生成”按钮，如图 4-1 所示。

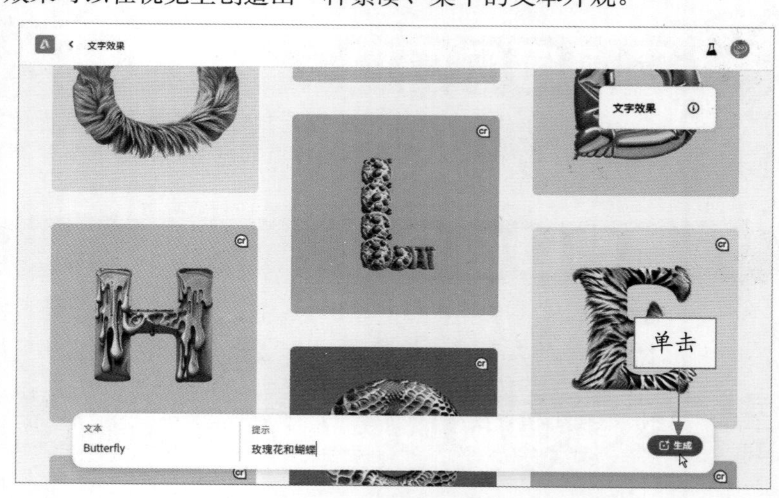


图 4-1 单击“生成”按钮

执行操作后，即可生成相应的文本效果，在右侧的“匹配形状”选项区中，选择“紧致”选项，即可应用文本的“紧致”效果，如图 4-2 所示。可以看出，文字应用了玫瑰花和蝴蝶的效果，文字与图案紧凑地挨在一起，没有过多的艺术表现。

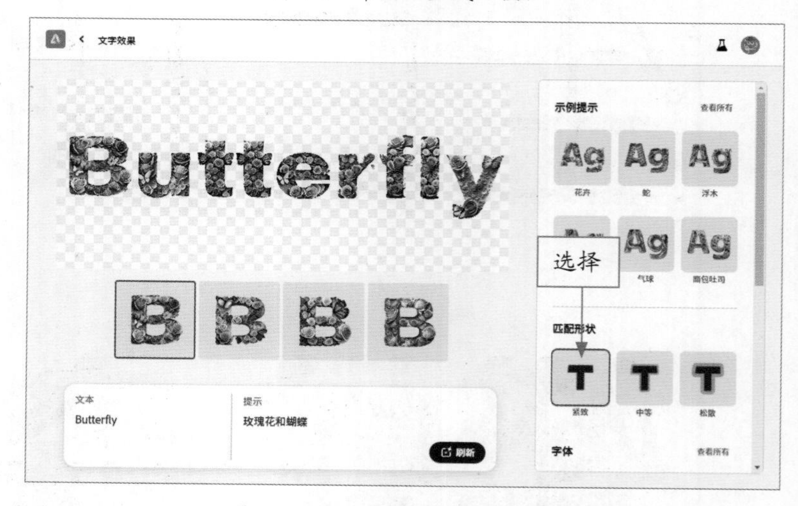


图 4-2 应用文本的“紧致”效果

在 Firefly“文字效果”页面的下方，有 4 种文字样式，单击相应的缩略图，可以预览不同的文字效果，如图 4-3 所示。

**专家指点**

应用“紧致”文本效果时，文本通常会被更紧凑地放置在其周围的空间中，这意味着文本与其他元素之间的间距较小。

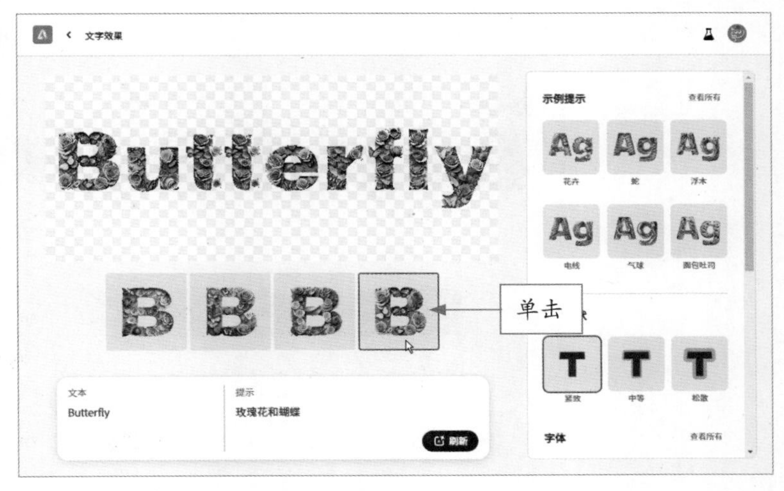


图 4-3　预览不同的文字效果

## 4.1.2　文本“中等”效果

文本“中等”效果是指比“紧致”效果稍微宽松一点点，它介于紧凑与宽松之间，可以让文字效果有一些艺术的表现。在右侧的“匹配形状”选项区中，选择“中等”选项，即可应用文本的“中等”效果，如图 4-4 所示。可以看出，文字上的玫瑰花和蝴蝶的效果有一些扩展拉丝的艺术表现，比“紧致”的文字效果更漂亮一点。

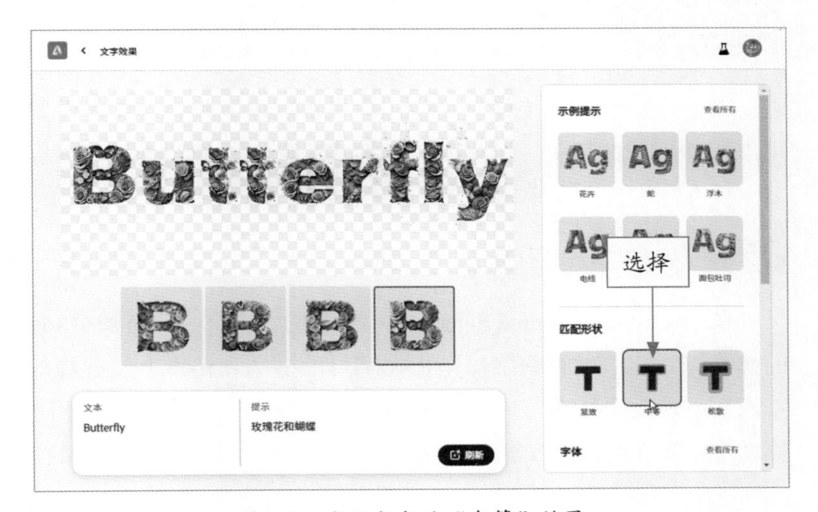


图 4-4　应用文本的“中等”效果

## 4.1.3　文本“松散”效果

“松散”主要用来描述文本之间或文本与效果元素之间的宽松程度，当文字应用“松散”效果时，文本通常会以较宽松的方式排列，这意味着文本与效果元素之间的间距会较大，从而使文字有更多的艺术表现。

在右侧的“匹配形状”选项区中，选择“松散”选项，即可应用文本的“松散”效果，如图 4-5 所示。可以看出，文字上的玫瑰花和蝴蝶的效果有了更大的艺术表现，与文字之间的间距更加宽松。

图 4-5　应用文本的“松散”效果

## 4.2 调整文字的字体与背景色

在 Firefly 中，“字体”是指用户根据需求或设计为文字设置合适的字体效果，不同的字体样式可以传递不同的情感、风格和表达方式；而不同的背景色可以提升文字设计的美感和视觉效果。本节主要介绍设置文字字体与背景色的方法。

### 4.2.1 使用无衬线字体

在 Firefly 中，Source Sans 3 是一种无衬线字体（sans-serif font）效果，与汉字字体中的黑体相对应。无衬线字体是指在字母的末端和转角上没有额外装饰线条的字体，它具有简洁、现代的外观，其效果如图 4-6 所示。无衬线字体通常用于品牌设计、海报设计、移动应用界面设计等领域。下面介绍使用无衬线字体制作文字效果的方法。

扫码看视频

图 4-6　无衬线字体效果

STEP 01 进入“文字效果”页面，在输入框左侧输入文本 paint，在输入框右侧输入关键词“金色和黑色滴落的油漆”，如图 4-7 所示。

图 4-7　输入相应文本和关键词

STEP 02 单击“生成”按钮，即可生成相应的文字效果，在右侧的“字体”选项区中默认是 Acumin Pro 字体效果，如图 4-8 所示。

图 4-8　默认是 Acumin Pro 字体效果

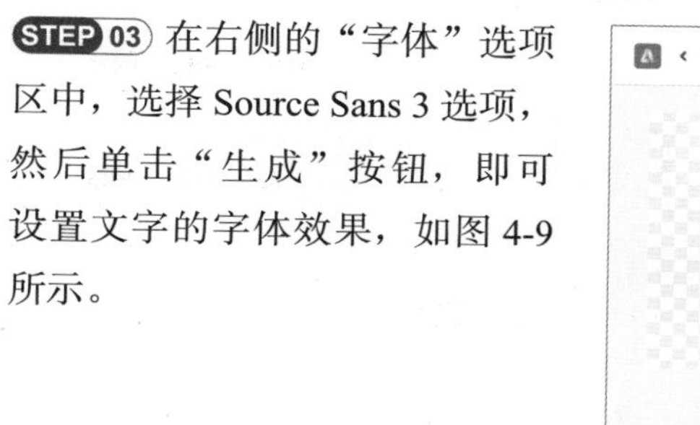

STEP 03 在右侧的“字体”选项区中，选择 Source Sans 3 选项，然后单击“生成”按钮，即可设置文字的字体效果，如图 4-9 所示。

图 4-9　设置文字的 Source Sans 3 字体效果

**专家指点**

Acumin Pro 字体的设计追求现代、精致的外观，结合了传统和创新的元素，使其适用于多种设计风格和主题，被广泛应用于印刷品设计、广告、品牌标识等领域，成为了许多设计师和排版专业人士的首选字体之一。

## 4.2.2　使用衬线字体

扫码看视频

Cooper 字体是由兰斯·库珀（Lance Cooper）于 1922 年设计的一种字体，是一种衬线字体（serif font）。衬线字体是指在字母的末端和转角上有额外装饰线条的字体，它通常具有较为传统、经典的外观。在一些设计中，衬线字体常被用于营造复古、艺术氛围或独特的个性化风格，其效果如图 4-10 所示。下面介绍使用衬线字体制作文字效果的方法。

图 4-10　衬线字体效果

**STEP 01** 进入“文字效果”页面，在输入框左侧和右侧均输入 tea（茶叶），单击“生成”按钮，即可生成茶叶效果的文字，如图 4-11 所示。

图 4-11　生成茶叶效果的文字

**专家指点**

衬线字体的特点在于其笔画末端的衬线，而无衬线字体则没有这些额外的笔画装饰。

**STEP 02** 单击“字体”右侧的“查看所有”按钮，展开相应面板，选择 Cooper 字体，即可设置文字的字体效果，如图 4-12 所示。这种文字效果在视觉上具有一定的吸引力和独特性，能给人带来一种优雅和经典的感觉。

图 4-12　设置文字的 Cooper 字体效果

**专家指点**

衬线字体以其在字母笔画开始或结束处突出的额外装饰性笔画而闻名。这些额外的笔画被称为衬线，其使得字母在视觉上更加突出和有层次感。由于衬线字体具有明显的笔画粗细变化和衬线特征，因此它们在小字号下具有良好的可读性，这使得它们在书籍、报纸和其他大段文字的排印中被广泛应用。

这类字体的笔画结构相对稳定，因此在打印或显示时，它们往往能够保持清晰，不易模糊或失真。

### 4.2.3　使用 Poplar 字体

扫码看视频

Poplar 是一款很漂亮的艺术字体，非常适合创意类的图像，它被广泛应用于各种书刊、海报、画册以及包装设计中，Poplar 字体效果如图 4-13 所示。这种文字效果在视觉上具有一定的艺术性，适用于制作书刊的封面字体，以快速吸引观众的眼球。下面介绍使用 Poplar 字体制作文字效果的方法。

图 4-13　Poplar 字体效果

**STEP 01** 进入“文字效果”页面，在输入框左侧输入文本 diamond，在输入框右侧输入关键词“钻石”，单击“生成”按钮，生成钻石效果的文字，如图 4-14 所示。

**STEP 02** 单击“字体”右侧的“查看所有”按钮，展开相应面板，选择 Poplar 选项，即可设置文字的字体效果，如图 4-15 所示。

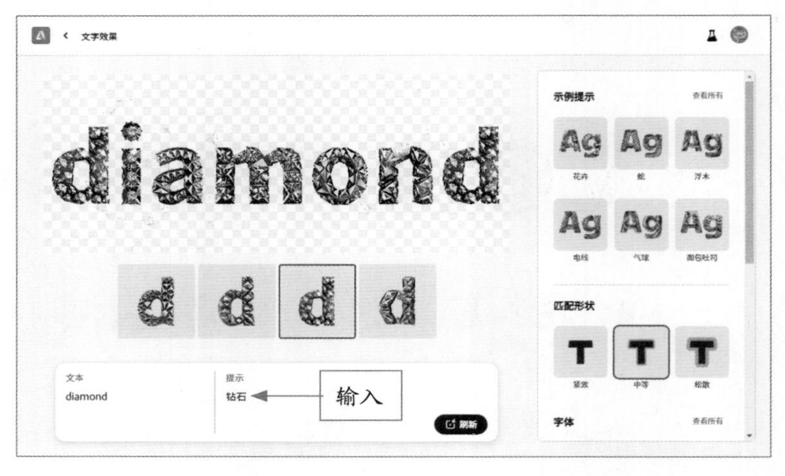


图 4-14　生成钻石效果的文字

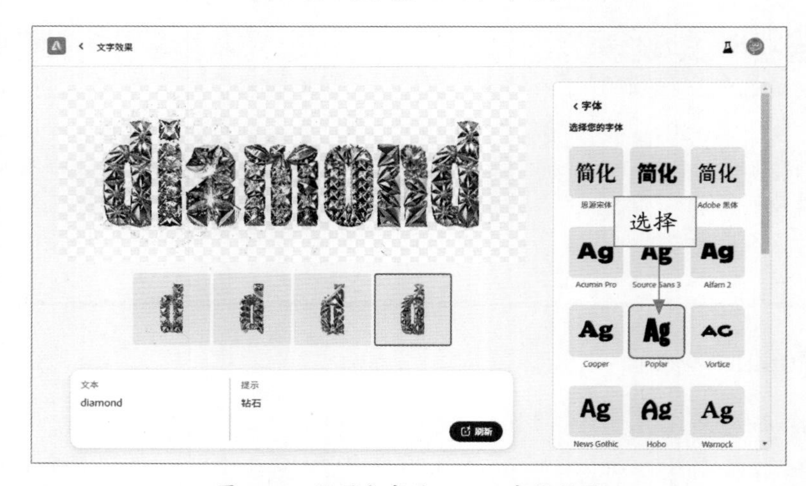


图 4-15　设置文字的 Poplar 字体效果

### 4.2.4　设置文字的背景色

在文字效果中，背景色指的是应用于文本背景的颜色，它的作用是为文字提供一个背景环境，使文字在设计中更加突出或与其他元素形成对比，设置文字背景色效果如图 4-16 所示。下面介绍设置文字背景色的方法。

扫码看视频

图 4-16　设置文字背景色效果

**STEP 01** 进入“文字效果”页面，在输入框左侧输入文本 happy，在输入框右侧输入关键词“糖果”，单击“生成”按钮，即可生成糖果的字体样式，如图 4-17 所示。

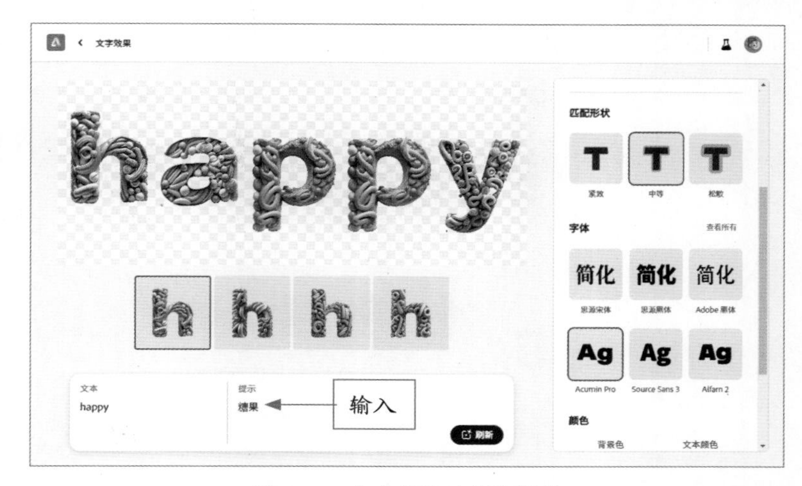


图 4-17　生成糖果的字体样式

**专家指点**

糖果文字通常出现在糖果店，这样的文字可能会让人感到愉悦、兴奋，或者带来一种童真的感觉，让人想起小时候享用糖果的快乐时光。

另外，不同的背景颜色可以引发不同的情感反应，如红色可以传递热情和活力，蓝色可以传递冷静和专业。在品牌设计中，使用与品牌标识或形象相关的背景颜色可以增强品牌的一致性和识别度。

**STEP 02** 在右侧的“颜色”选项区中，单击“背景色”选项下方的色块，比如单击淡粉色色块，即可将文字背景设置为淡粉色效果，如图 4-18 所示。

图 4-18　将文字背景设置为淡粉色效果

**专家指点**

进入“文字效果”页面，在右侧的“颜色”选项区中，单击“文本颜色”选项下方的色块，可以设置文本的字体颜色属性。选择适当的文字颜色可以确保文字在背景上清晰可见，从而提高阅读的舒适性和易读性。对比度高的文字颜色与背景形成鲜明的对比，使文字清晰易辨。

**STEP 03** 如果单击黄色色块，可以将文字背景设置为黄色效果，如图 4-19 所示。通过选择鲜明或对比度较高的背景颜色，可以使文字在设计中更加突出、更能吸引读者的注意力，使文字和其他元素之间形成清晰的边界。

图 4-19　将文字背景设置为黄色效果

## 4.3 常见的文字示例效果

在 Firefly 中，文字示例效果是指用户可以通过输入文字并选择特定的风格或主题，由 Firefly 的生成式 AI 技术生成带有颜色、背景和装饰的文字效果。本节将介绍几种不同的文字示例效果。

### 4.3.1　“自然”示例

“自然”示例效果的文字样式追求自然的外观和感觉，字母形状可能会模仿自然元素，如树叶、花朵或藤蔓等，以营造出有机、生态的氛围。本节主要介绍使用“自然”示例效果制作文字特效的方法。

#### 1. 花卉

“花卉”文字样式通常会使用花朵、花蕊、叶子等花卉元素进行装饰，效果如图 4-20 所示。这种样式广泛应用于花店、花艺设计和节日活动等领域，以增加视觉吸引力和与花卉相关的情感联系。下面介绍使用“花卉”制作文字效果的方法。

扫码看视频

图 4-20　“花卉”样式效果

**STEP 01** 进入“文字效果”页面，在输入框左侧输入文本“花卉”，在输入框右侧输入关键词“鲜花”，单击“生成”按钮，即可生成鲜花效果的文字，并设置文字字体，如图 4-21 所示。

图 4-21　生成鲜花效果的文字

**STEP 02** 在右侧的“示例提示”选项区中，选择“花卉”示例效果，将文字设置为“花卉”样式，如图 4-22 所示，然后单击“生成”按钮，即可生成“花卉”文字效果。

图 4-22　将文字设置为“花卉”样式

## 2. 丛林藤蔓

“丛林藤蔓”文字样式是将文字与丛林、藤蔓等自然元素相结合的创意文字效果，如图 4-23 所示。这些藤蔓元素可以以曲线、缠绕、交错等形式出现在文字周围或内部。下面介绍使用“丛林藤蔓”制作文字效果的方法。

图 4-23　“丛林藤蔓”样式效果

STEP 01 进入“文字效果”页面，在输入框左侧和右侧均输入“森林”，单击“生成”按钮，即可生成相应文字效果，并设置文字字体，如图 4-24 所示。

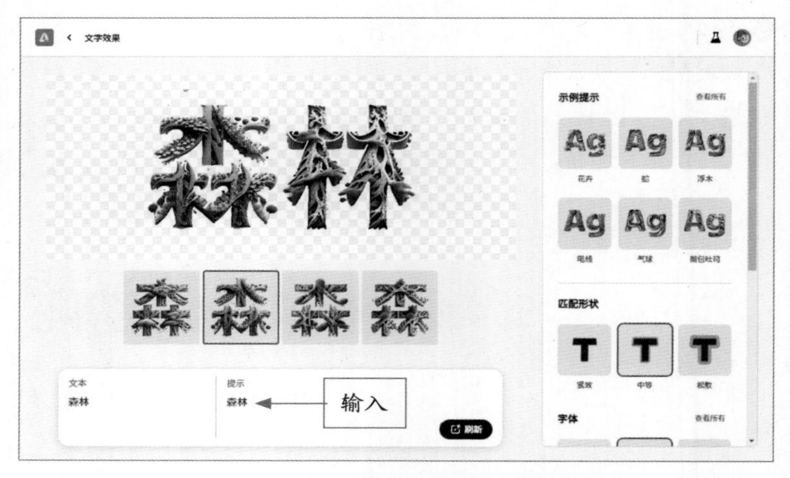


图 4-24　生成相应文字效果

STEP 02 单击“示例提示”右侧的“查看所有”按钮，展开相应面板，在“自然”选项区中选择“丛林藤蔓”效果，将文字设置为丛林藤蔓样式，效果如图 4-25 所示。

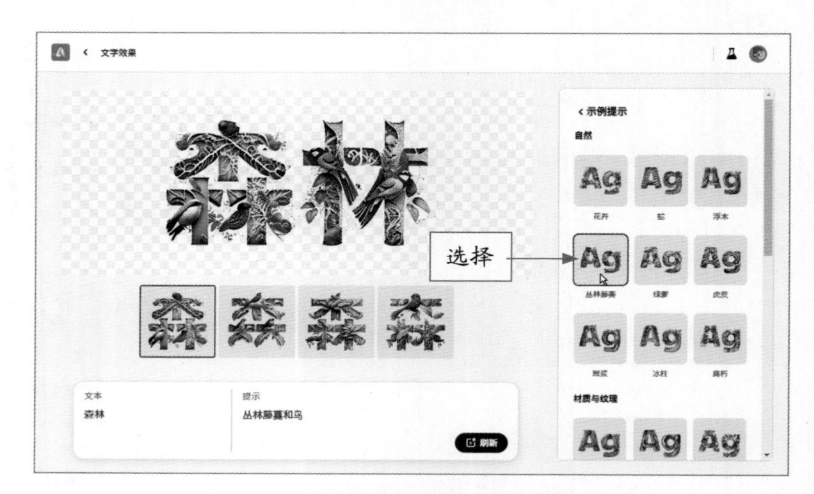


图 4-25　将文字设置为“丛林藤蔓”样式

STEP 03 单击“示例提示”名称返回相应面板，在“匹配形状”选项区中，选择“松散”选项，即可将“丛林藤蔓”样式设置为宽松效果，使文字效果更具艺术感，如图 4-26 所示。

图 4-26　将文字上的“丛林藤蔓”样式设置为宽松效果

### 3．岩浆

“岩浆”文字样式通常会使用熔岩、岩浆等火山元素进行装饰，以营造出炽热流动的岩浆效果，如图 4-27 所示。这种文字样式通常被运用于火山景观、热情主题活动、夏季促销活动、娱乐产业等领域。下面介绍使用“岩浆”制作文字效果的方法。

扫码看视频

图 4-27　“岩浆”样式效果

**STEP 01** 进入“文字效果”页面，在输入框左侧输入文本“火山爆发”，在输入框右侧输入关键词“火山”，单击“生成”按钮，即可生成相应文字效果，如图 4-28 所示。

图 4-28　生成相应文字效果

**STEP 02** 单击“示例提示”右侧的“查看所有”按钮，展开相应面板，在“自然”选项区中选择“岩浆”示例效果，将文字设置为红色岩浆流动的样式，效果如图 4-29 所示。

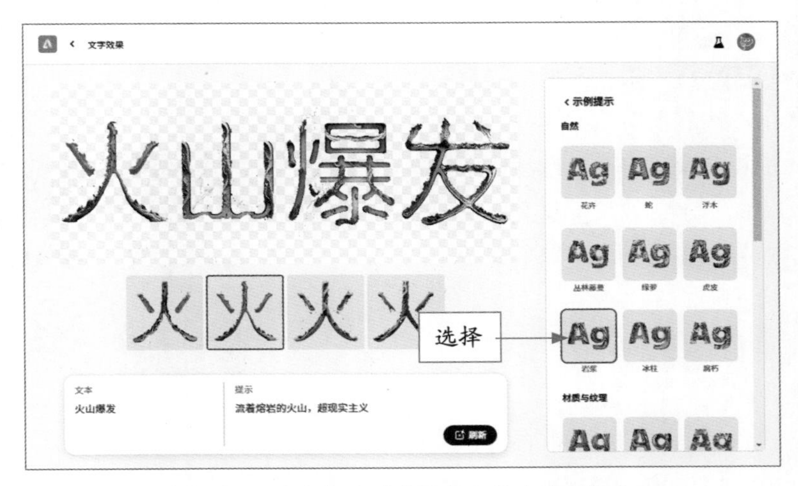


图 4-29　将文字设置为红色岩浆流动的样式

### 4．蛇

“蛇”文字样式通常会使用蛇形的线条、曲线或蛇身图案进行装饰，以营造出与蛇相关的视觉效果，如图 4-30 所示。这种文字样式广泛应用于野生动物保护组织、蛇类相关活动、时尚设计以及神秘主题品牌等领域。下面介绍使用“蛇”制作文字效果的方法。

图 4-30　“蛇”样式效果

**STEP 01** 进入“文字效果”页面，在输入框左侧和右侧均输入“蟒蛇”，单击“生成”按钮，即可生成相应文字效果，并设置文字字体，如图 4-31 所示。

图 4-31　生成相应文字效果

**STEP 02** 单击“示例提示”右侧的“查看所有”按钮，展开相应面板，在“自然”选项区中选择“蛇”示例效果，将文字设置为蛇身图案的样式，效果如图 4-32 所示。

图 4-32　将文字设置为蛇身图案的样式

## 4.3.2　“材质与纹理”示例

“材质与纹理”示例效果的文字样式模仿了各种材质的外观，如电线、气球、碎玻璃、牛仔服、塑料包装以及大理石等，这种效果使文字看起来具有质感和实物感。本节主要介绍使用“材质与纹理”示例效果制作文字特效的方法。

### 1. 电线

“电线”文字样式通常会使用电线、线条、连接点等元素进行装饰，以营造出电子、科技或机械感的视觉效果，如图 4-33 所示。这种文字样式广泛应用于科技公司、电子产品品牌、网站设计以及科技活动等领域。下面介绍使用“电线”制作文字效果的方法。

扫码看视频

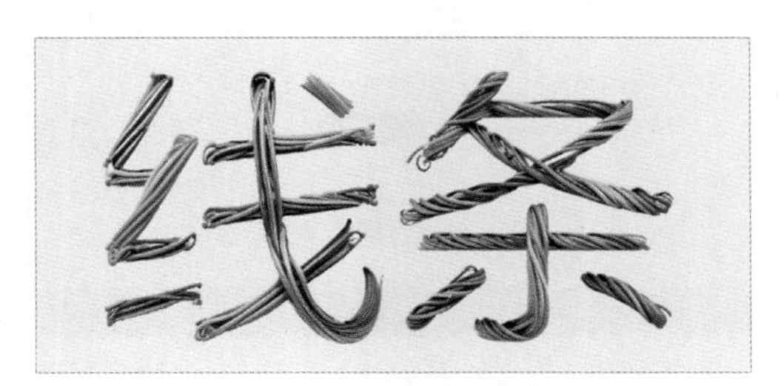


图 4-33　“电线”样式效果

**STEP 01** 进入“文字效果”页面，在输入框左侧输入文本“线条”，在输入框右侧输入关键词“电线”，单击“生成”按钮，即可生成相应文字效果，并设置文字字体，如图 4-34 所示。

图 4-34　生成电线填充的文字效果

> **专家指点**
>
> “电线”文字样式通常是指模仿电线或电线图案的字体设计，其特点是字母和数字的线条看起来像电线一样绕成形状。

**STEP 02** 单击“示例提示”右侧的“查看所有”按钮，展开相应面板，在“材质与纹理”选项区中选择“电线”示例效果，或者在关键词输入框中输入 A bundle of colorful wires（一束五颜六色的电线），即可将文字设置为电线图案样式，效果如图 4-35 所示。

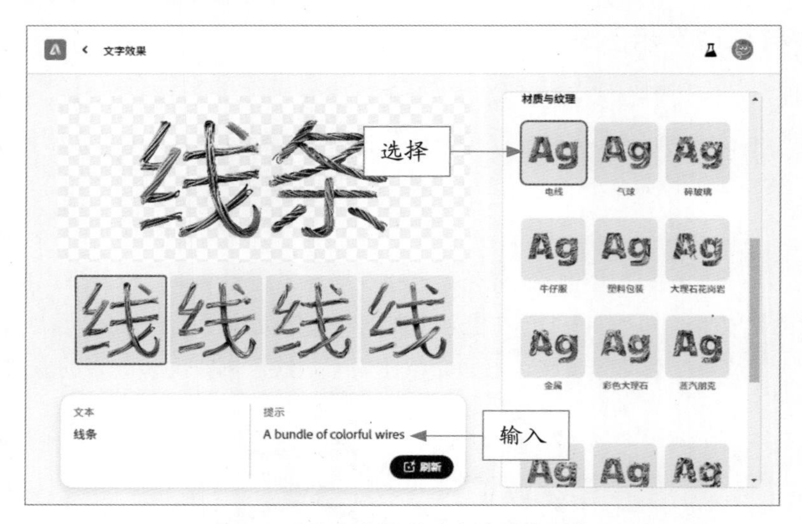


图 4-35　将文字设置为电线图案样式

▶ 专家指点

“电线”文字样式追求网络和联结的外观，以模仿电子设备或信息传输的特点，字母形状可能会呈现出线条交错、网格状的效果，仿佛在电子世界中连接和交流。

“电线”文字样式常常与科技、电子产品或数字设计相关联，给人一种现代、科技感的印象，这使得它们在展示数字内容或强调现代化的设计中非常合适，常用于科技类产品的标志、数字展示或设计作品中。

## 2. 气球

“气球”文字样式通常会使用气球形状的图案或装饰，以营造出轻快、愉悦和童趣的视觉效果，如图 4-36 所示。这种文字样式被广泛应用于生日派对、庆祝活动、儿童品牌、节日装饰等领域。下面介绍使用“气球”制作文字效果的方法。

扫码看视频

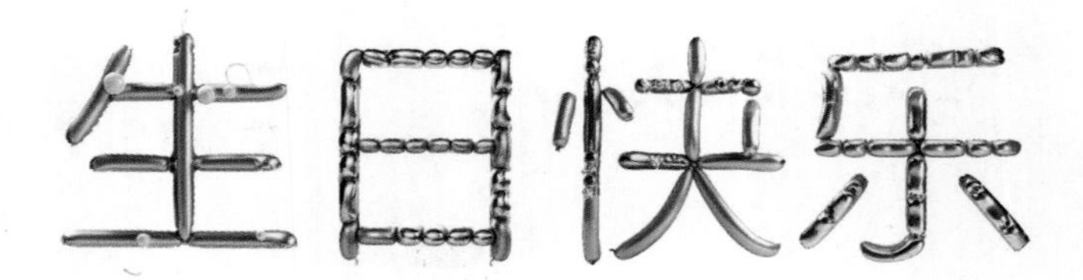


图 4-36　“气球”样式效果

▶ 专家指点

“气球”文字样式追求曲线和圆润的外观，以模仿气球的形状和轮廓，字母形状会呈现出圆润、鼓起的效果，仿佛是充满空气的气球。这种文字样式具有轻快、多彩和欢乐的特点，以鲜艳的颜色为主，可以表达出喜庆和欢快的情绪。

STEP 01 进入“文字效果”页面，在输入框左侧输入文本“生日快乐”，在输入框右侧输入关键词“气球”，单击“生成”按钮，即可生成气球填充的文字效果，如图 4-37 所示。

图 4-37　生成气球填充的文字效果

**STEP 02** 单击“示例提示”右侧的“查看所有”按钮，展开相应面板，在“材质与纹理”选项区中选择“气球”示例效果，将文字设置为 Firefly 中的气球图案样式，如图 4-38 所示。

图 4-38　将文字设置为气球图案样式

### 3. 塑料包装

“塑料包装”文字样式通常模仿塑料包装薄膜的效果，呈现出一种透明的外观，字母形状可能会有一层类似于塑料薄膜的遮罩，使文字看起来仿佛被包裹在透明的塑料薄膜中，如图 4-39 所示。下面介绍使用“塑料包装”制作文字效果的方法。

扫码看视频

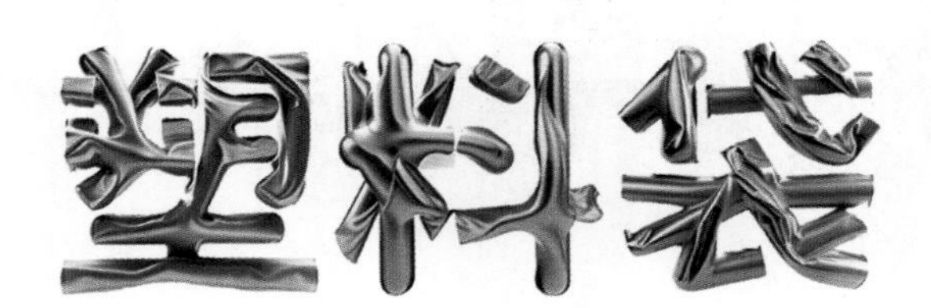


图 4-39　“塑料包装”样式效果

STEP 01 进入“文字效果”页面，在输入框左侧和右侧均输入“塑料袋”，单击“生成”按钮，即可生成塑料袋填充的文字效果，并设置文字字体，如图 4-40 所示。

图 4-40 生成塑料袋填充的文字效果

STEP 02 单击“示例提示”右侧的“查看所有”按钮，展开相应面板，在“材质与纹理”选项区中选择“塑料包装”示例效果，将文字设置为塑料包装图案样式，效果如图 4-41 所示。

图 4-41 将文字设置为塑料包装图案样式

### 4. 碎玻璃

“碎玻璃”文字样式模拟了文字被破碎的玻璃片覆盖或组成的效果，使文字看起来具有独特的视觉冲击力，如图 4-42 所示。这种文字样式被广泛应用于音乐、艺术、电影海报、独立品牌等领域。下面介绍使用“碎玻璃”制作文字效果的方法。

扫码看视频

图 4-42 “碎玻璃”样式效果

STEP 01 进入“文字效果”页面，在输入框左侧输入文本“玻璃碎片”，在输入框右侧输入关键词“玻璃”，单击“生成”按钮，即可生成玻璃填充的文字效果，并设置文字字体，如图 4-43 所示。

图 4-43　生成玻璃填充的文字效果

STEP 02 展开“示例提示”面板，在“材质与纹理”选项区中选择“碎玻璃”示例效果，将文字设置为 Firefly 中的碎玻璃图案样式，效果如图 4-44 所示。

图 4-44　将文字设置为碎玻璃图案样式

**专家指点**

“碎玻璃”文字样式通常使用冷色调，如蓝色、青色、灰色、银色等，以增强冰冷和玻璃材质的感觉。此外，它们还会使用光影效果，如反射、阴影或光斑，以增加玻璃破碎的真实感和光线效果。

## 4.3.3 “食品饮料”示例

“食品饮料”示例效果的文字样式通常使用与食物和饮品相关的图案和装饰，如面包吐司、意大利面、爆米花以及冰淇淋等，以增强与美食和饮品相关的感觉。本节主要介绍使用“食品饮料”示例效果制作文字特效的方法。

### 1．面包吐司

扫码看视频

“面包吐司”文字样式通常模仿烤面包的外观，字母形状呈现出类似烤面包的纹理和质感，如图 4-45 所示。这种文字样式被广泛应用于餐饮业、食品品牌、烘焙业等领域。下面介绍使用“面包吐司”制作文字效果的方法。

图 4-45 “面包吐司”样式效果

STEP 01 进入“文字效果”页面，在输入框左侧输入文本 bread，在输入框右侧输入关键词“面包”，单击“生成”按钮，即可生成相应文字效果，并设置文字字体，如图 4-46 所示。

图 4-46 生成面包填充的文字效果

STEP 02 展开“示例提示”面板，在“食品饮料”选项区中选择“面包吐司”示例效果，单击“生成”按钮，将文字设置为 Firefly 中的面包吐司图案样式，效果如图 4-47 所示。

图 4-47 将文字设置为面包吐司图案样式

> **专家指点**
>
> “面包吐司”文字样式通常使用褐色和土黄色调，以突出烤面包的颜色和外观，字母形状会有类似面包断层的线条或纹理，可以营造出面包的特点。

## 2. 甜甜圈

扫码看视频

“甜甜圈”文字样式通常以环形形状的字母为特点，模仿甜甜圈的外观，通常使用糖霜装饰来增加视觉吸引力，如彩色的糖霜涂层或装饰性的糖果颗粒，以增加甜甜圈的元素，该样式效果如图 4-48 所示。这种文字样式被广泛应用于糕点店、甜品店或与儿童相关的设计等领域。下面介绍使用“甜甜圈”制作文字效果的方法。

图 4-48　“甜甜圈”样式效果

> **专家指点**
>
> “甜甜圈”文字样式通过口感和质感的形态来强调甜甜圈的特点，字母会有类似甜甜圈的丰满和柔软的外观，或呈现出光滑、松软的质感来增加视觉层次和触感效果，以传达出与甜甜圈、甜食和甜蜜相关的主题。

**STEP 01** 进入“文字效果”页面，在输入框左侧和右侧均输入“彩虹糖”，单击“生成”按钮，即可生成甜品填充的文字效果，并设置相应的字体样式，如图 4-49 所示。

图 4-49　生成甜品填充的文字效果

**STEP 02** 展开“示例提示”面板，在“食品饮料”选项区中选择“甜甜圈”示例效果，将文字设置为Firefly中的甜甜圈图案样式，效果如图4-50所示，这样的文字效果看上去让人很有食欲。

图 4-50　将文字设置为甜甜圈图案样式

## 3. 爆米花

“爆米花”文字样式通常模仿爆米花的外观和质感，字母形状会呈现出类似于爆米花的形状，如球状或颗粒状，该样式效果如图4-51所示。这种文字样式被广泛应用于电影院、娱乐场所、零食品牌等领域。下面介绍使用“爆米花”制作文字效果的方法。

扫码看视频

图 4-51　“爆米花”样式效果

**STEP 01** 进入“文字效果”页面，在输入框左侧和右侧均输入“零食”，单击“生成”按钮，即可生成相应文字效果，并设置文字字体，如图4-52所示。

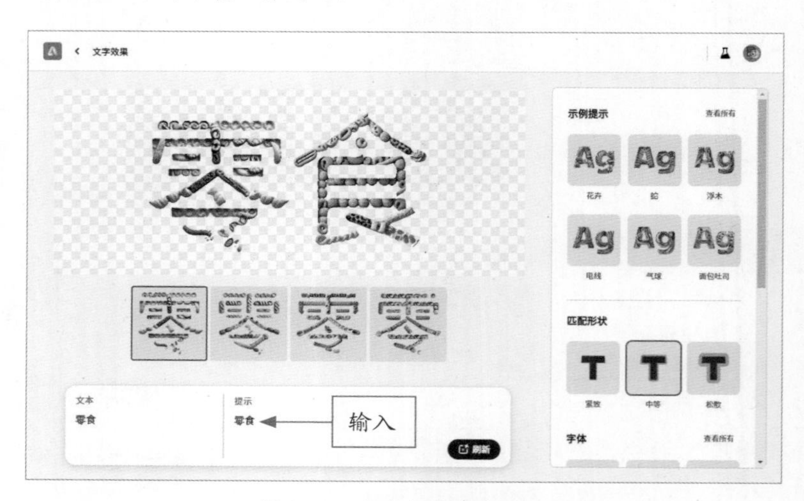


图 4-52　生成相应文字效果

STEP 02 展开“示例提示”面板，在“食品饮料”选项区中选择“爆米花”示例效果，或者在关键词输入框中输入 popcorn（爆米花），即可将文字设置为爆米花图案样式，效果如图 4-53 所示。

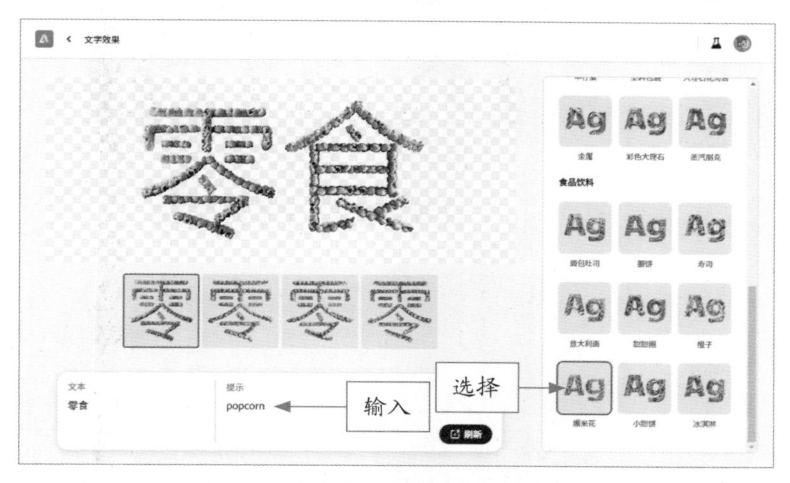


图 4-53　将文字设置为爆米花图案样式

## 4.4 文字效果的案例实战

通过前面知识点的学习，我们掌握了多种文字样式的制作方法，接下来以案例的形式向读者介绍常见文字效果的制作。

### 4.4.1　金属填充文字效果

金属文字常用于奢侈品和高端产品的包装设计中，可以传达出产品的高质感和品质保证。它为包装设计增添了一种精致、专业和令人愉悦的外观，金属填充文字效果如图 4-54 所示。下面介绍制作金属填充文字效果的方法。

扫码看视频

图 4-54　金属填充文字效果

**专家指点**

金属文字效果能够凸显出金属的质感，通常具有立体感和重量感，让文字或图形看起来更加生动和具有冲击力。金属文字效果不局限于金属本身的颜色，可以呈现出金色、银色、铜色、青铜色等不同的金属颜色，也可以根据设计需求调整颜色和光泽度。

**STEP 01** 进入“文字效果”页面，在输入框左侧输入文本 metal，在输入框右侧输入关键词“金属颜色”，单击“生成”按钮，即可生成金属文字效果，如图 4-55 所示。

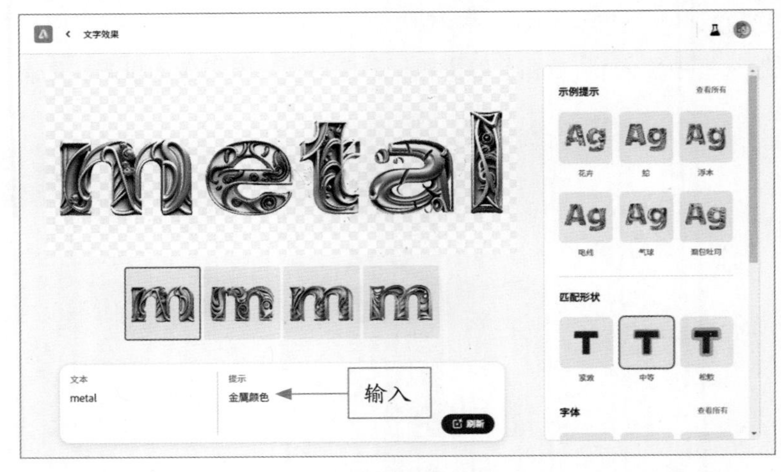


图 4-55　生成金属文字效果

**STEP 02** 在页面右侧的“字体”选项区中，选择 Cooper 字体，即可设置文字的字体效果，如图 4-56 所示。可以看出金属文字上带着一些艺术性，给人一种高端品牌的视觉感。

图 4-56　设置文字的字体效果

## 4.4.2　美食填充文字效果

扫码看视频

美食文字在餐厅和咖啡馆中扮演着重要角色，它们被用于设计餐厅的招牌、菜单和宣传材料，以引起顾客的兴趣、传达餐厅的特色和独特卖点。美食填充文字效果如图 4-57 所示。另外，美食文字在美食活动、展览和比赛中常用于宣传和展示。下面介绍制作美食填充文字效果的方法。

图 4-57　美食填充文字效果

**STEP 01** 进入“文字效果”页面，在输入框左侧输入文本 food，在输入框右侧输入关键词“姜饼装饰”，单击“生成”按钮，即可生成美食样式的文字效果，如图 4-58 所示。

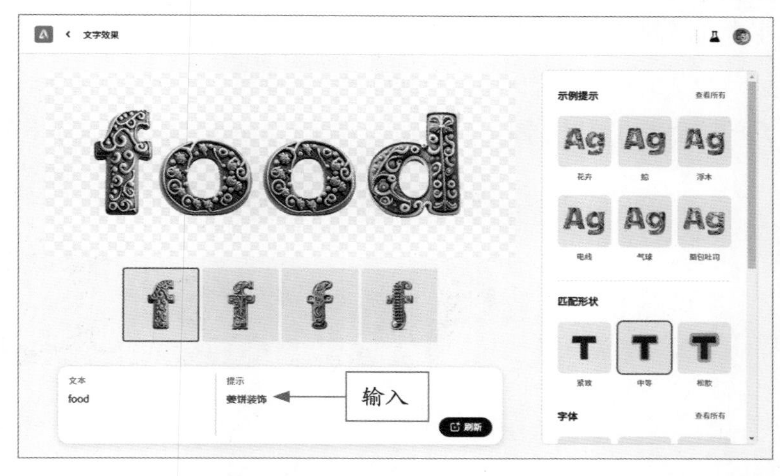


图 4-58　生成美食样式的文字效果

**STEP 02** 单击“字体”右侧的“查看所有”按钮，展开相应面板，选择 Sanvito 字体，即可将字体设置为艺术效果，如图 4-59 所示。

图 4-59　将文字的字体设置为艺术效果

**STEP 03** 在页面右侧单击“背景色”选项下方的色块，如单击土黄色色块，然后单击“生成”按钮，即可将文字背景设置为土黄色效果，如图 4-60 所示。可以看出主体文字在土黄色的背景上，轮廓更加清晰，字体更有立体感，就像一份美味的食物一样。

图 4-60　将文字背景设置为土黄色效果

## 4.4.3 鞋子填充文字效果

鞋子填充样式可以用来为某鞋类产品制作广告宣传类的文字效果，用来吸引目标受众的注意力，效果如图 4-61 所示。下面介绍制作鞋子填充文字效果的方法。

图 4-61 鞋子填充文字效果

STEP 01 进入"文字效果"页面，在输入框左侧输入文本 walk，在输入框右侧输入关键词 shoes（鞋子），单击"生成"按钮，即可生成鞋子填充的文字效果，如图 4-62 所示。

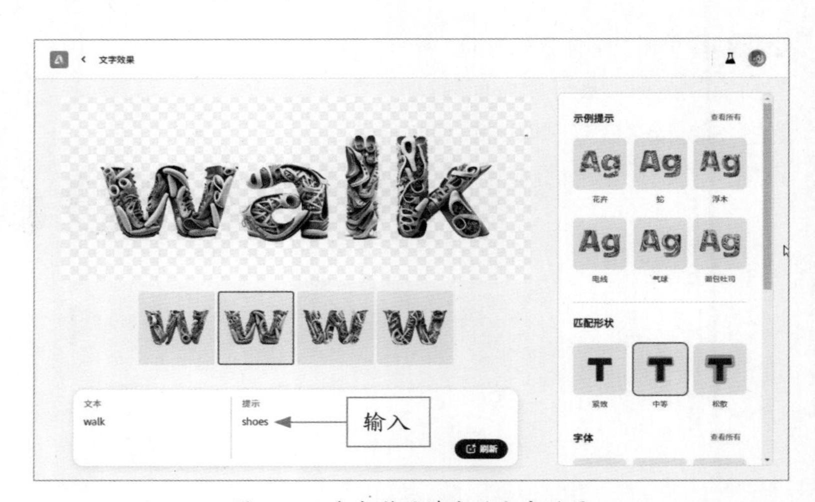


图 4-62 生成鞋子填充的文字效果

STEP 02 单击"字体"右侧的"查看所有"按钮，展开相应面板，选择 Postino 字体，即可设置文字的字体效果，如图 4-63 所示。

图 4-63 设置文字的字体效果

STEP 03 在页面右侧单击“背景色”选项下方的色块，例如单击绿色色块，即可将文字背景设置为绿色效果，如图 4-64 所示。主体文字在绿色的背景上，给人一种清晰、自然的视觉感受。

图 4-64　将文字背景设置为绿色效果

## 4.4.4　披萨填充文字效果

披萨填充样式是指文字由披萨的形状和纹理填充，通常使用多种色彩，模拟出披萨上的不同配料和酱料，使文字呈现出鲜明的色彩，披萨填充文字效果如图 4-65 所示。这样的文字效果看起来让人很有食欲，能让人联想到美味的披萨，具有一定的吸引力和趣味性。下面介绍制作披萨填充文字效果的方法。

扫码看视频

图 4-65　披萨填充文字效果

STEP 01 进入“文字效果”页面，在输入框左侧输入 snack，在输入框右侧输入关键词 Pizza（披萨），单击“生成”按钮，即可生成披萨填充的文字效果，如图 4-66 所示。

图 4-66　生成披萨填充的文字效果

STEP 02 单击“字体”右侧的“查看所有”按钮，展开相应面板，选择 Source Serif 4 字体，即可设置文字的字体效果，如图 4-67 所示。

图 4-67　设置文字的字体效果

## 4.4.5　亮片填充文字效果

亮片填充样式使文字表面充满了小小的闪亮亮片，呈现出闪闪发光的效果，如图 4-68 所示。这种文字效果能够吸引眼球，给人一种炫目的感觉，在一些服装上经常能看到亮片填充的文字效果。下面介绍制作亮片填充文字效果的方法。

扫码看视频

图 4-68　亮片填充文字效果

STEP 01 进入“文字效果”页面，在输入框左侧输入文本 Shiny，在输入框右侧输入关键词“亮片”，单击“生成”按钮，即可生成亮片填充的文字效果，如图 4-69 所示。

图 4-69　生成亮片填充的文字效果

**STEP 02** 在页面右侧的"匹配形状"选项区中，选择"松散"选项，即可将亮片文字设置为宽松效果，如图 4-70 所示。

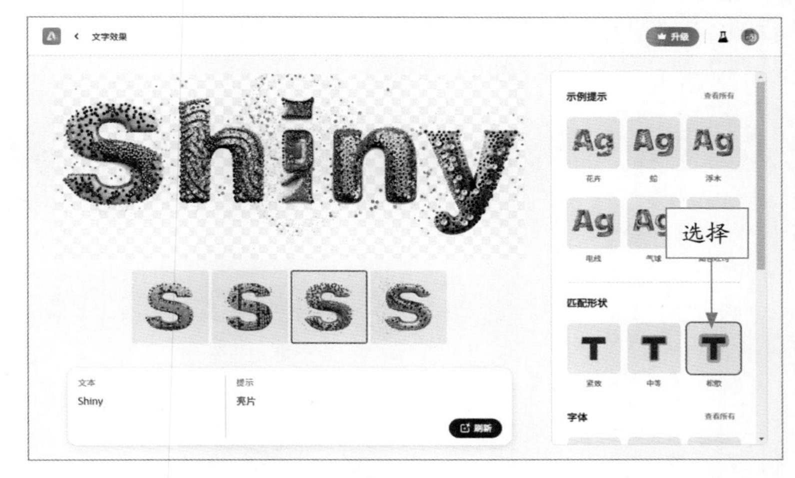


图 4-70　将亮片文字设置为宽松效果

## 4.4.6　被子填充文字效果

被子填充样式使文字表面看起来像是由蓬松的被子填充而成，呈现出柔软、蓬松的质感，如图 4-71 所示。这种文字效果给人一种温暖、舒适的感觉，具有亲切感和温馨感，适用于与家庭、家居、休闲相关的设计。下面介绍制作被子填充文字效果的方法。

扫码看视频

图 4-71　被子填充文字效果

**STEP 01** 进入"文字效果"页面，在输入框左侧输入文本 cloth，在输入框右侧输入关键词"蓬松的被子"，单击"生成"按钮，即可生成被子填充的文字效果，如图 4-72 所示。

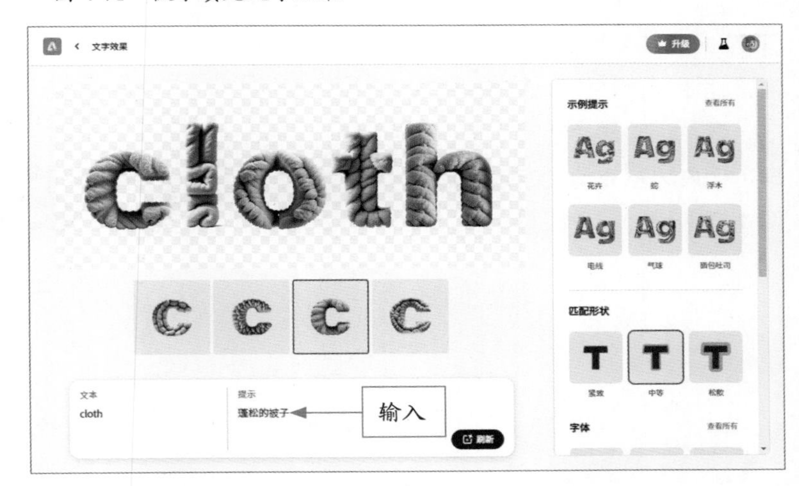


图 4-72　生成被子填充的文字效果

STEP 02 在页面右侧单击“背景色”选项下方的色块，如单击淡黄色色块，即可将文字背景设置为淡黄色效果，如图 4-73 所示。

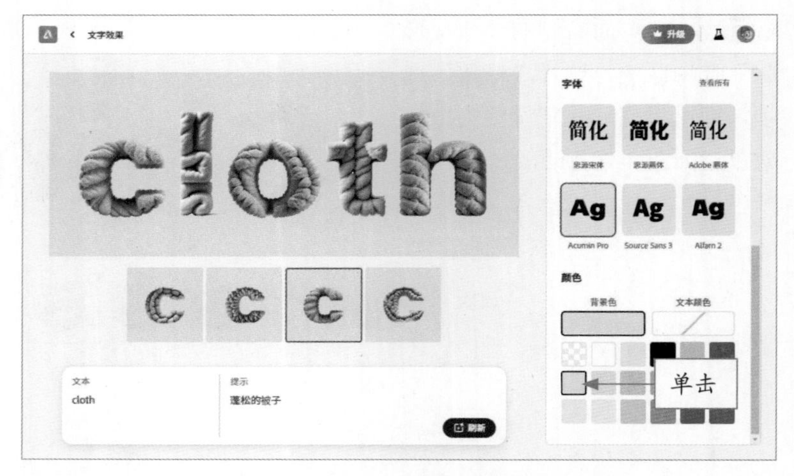


图 4-73　将文字背景设置为淡黄色效果

## 4.4.7　冰淇淋填充文字效果

冰淇淋文字样式常呈现出柔和、圆润的曲线形状，以模仿冰淇淋的柔软和丰满的外观；通常使用鲜艳、多彩的颜色，如粉红色、蓝色、黄色等，以模仿冰淇淋的色彩，冰淇淋填充文字效果如图 4-74 所示。下面介绍制作冰淇淋填充文字效果的方法。

扫码看视频

图 4-74　冰淇淋填充文字效果

STEP 01 进入“文字效果”页面，在输入框左侧和右侧均输入 ice（冰），单击“生成”按钮，即可生成冰填充的文字效果，如图 4-75 所示。

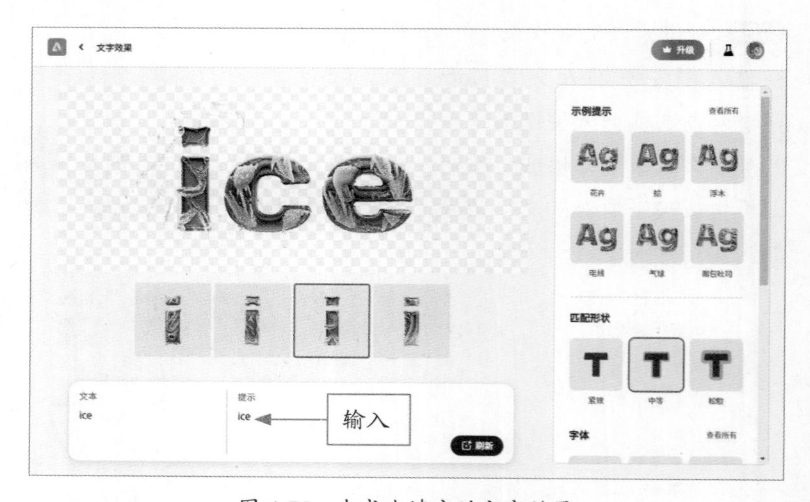


图 4-75　生成冰填充的文字效果

STEP 02 展开“字体”面板，在其中选择 Cooper 选项，如图 4-76 所示，即可将文字设置成比较丝滑的冰效果。

图 4-76　选择 Cooper 选项

STEP 03 展开“示例提示”面板，在“食品饮料”选项区中选择“冰淇淋”示例效果，或者在关键词输入框中输入 ice cream（冰淇淋），即可将文字设置为冰淇淋图案样式，效果如图 4-77 所示。

图 4-77　将文字设置为冰淇淋图案样式

**专家指点**

文字效果制作完成后，接下来我们可以将 Firefly 中制作的冰淇淋文字效果应用于各种广告素材上。大家可以使用自己比较熟悉的设计软件进行操作，比如 Adobe 公司的 Photoshop 或者 CorelDRAW。

### 4.4.8　橙子填充文字效果

扫码看视频

橙子文字样式会呈现出圆润、光滑的字母填充效果，以模仿橙子的外观；一般使用橙色调，以模仿橙子的颜色，橙子填充文字效果如图 4-78 所示。这种文字样式被广泛应用于水果品牌、夏季活动设计等领域。下面介绍制作橙子填充文字效果的方法。

图 4-78　橙子填充文字效果

STEP 01 进入“文字效果”页面，在输入框左侧和右侧均输入 fruit（水果），单击“生成”按钮，即可生成水果填充的文字效果，如图 4-79 所示。

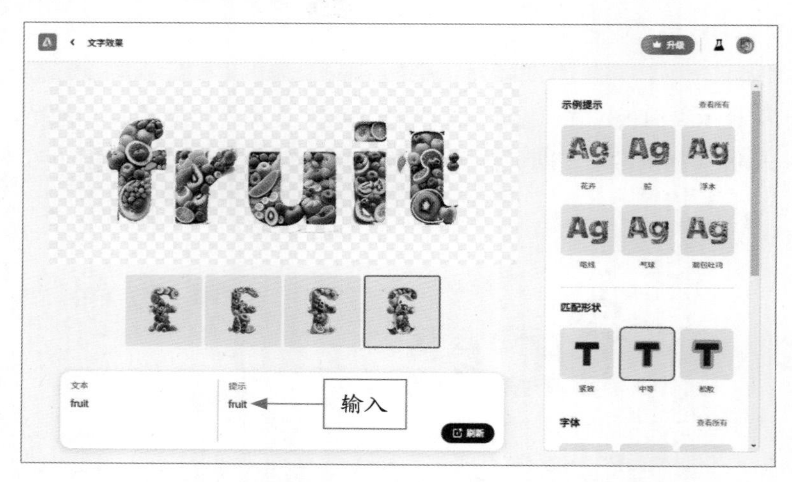


图 4-79　生成水果填充的文字效果

STEP 02 在“匹配形状”选项区中，选择“松散”选项，应用文本的宽松效果，如图 4-80 所示。

图 4-80　应用文本的宽松效果

STEP 03 展开“示例提示”面板，在“食品饮料”选项区中选择“橙子”示例效果，或者在关键词输入框中输入 orange（橙子），单击“生成”按钮，即可将文字设置为 Firefly 中的橙子图案样式，效果如图 4-81 所示。

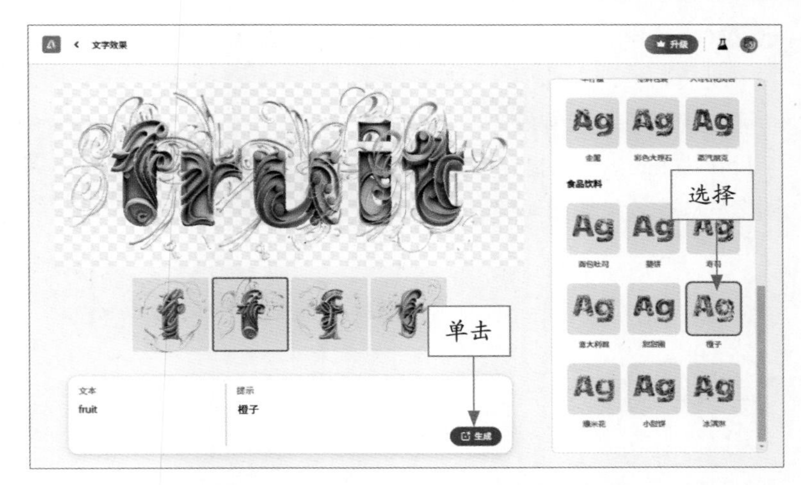


图 4-81　将文字设置为橙子图案样式

### 4.4.9　彩色大理石填充文字效果

彩色大理石文字样式通常呈现出类似于大理石的纹理效果，字母会有大理石独特的纹路和花纹，并模仿大理石表面的纹理变化，彩色大理石填充文字效果如图 4-82 所示。这种文字样式被广泛应用于奢侈品品牌、装饰设计、室内设计等领域。下面介绍制作彩色大理石文字效果的方法。

扫码看视频

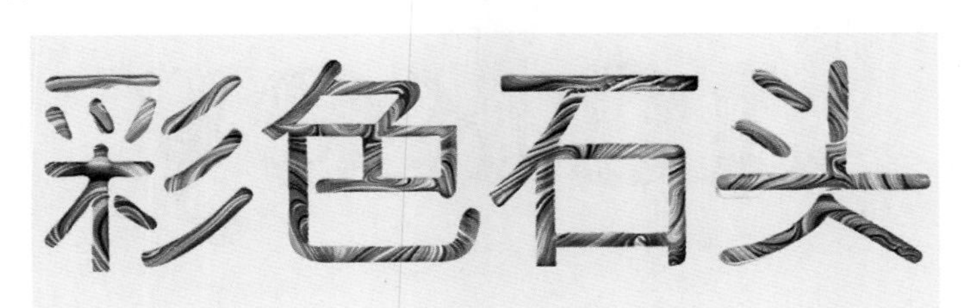


图 4-82　彩色大理石填充文字效果

STEP 01 进入“文字效果”页面，在输入框左侧和右侧均输入“彩色石头”，单击“生成”按钮，即可生成相应的文字效果，如图 4-83 所示。

图 4-83　生成相应的文字效果

STEP 02 展开“示例提示”面板，在“材质与纹理”选项区中选择“彩色大理石”示例效果，将文字设置为Firefly中的彩色大理石图案样式，效果如图4-84所示。

图4-84　将文字设置为彩色大理石图案样式

### 4.4.10　冰柱填充文字效果

冰柱文字样式通常会呈现出冰冷的色调，如蓝色、白色或银色，冰柱填充文字效果如图4-85所示。这种文字样式被广泛应用于冬季主题设计和节日装饰等领域。下面介绍制作冰柱文字效果的方法。

扫码看视频

图4-85　冰柱填充文字效果

STEP 01 进入“文字效果”页面，在输入框左侧输入文本hokey，在输入框右侧输入关键词snow，单击“生成”按钮，即可生成相应的文字效果，如图4-86所示。

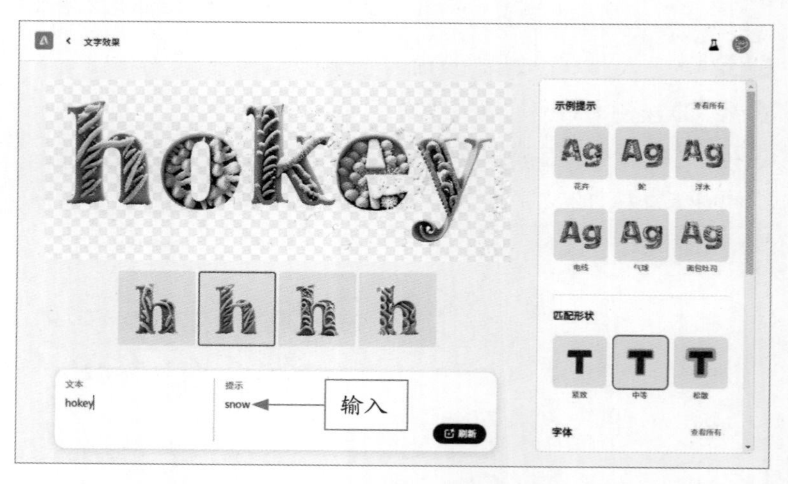


图4-86　生成相应的文字效果

**STEP 02** 单击“示例提示”右侧的“查看所有”按钮，展开相应面板，在“自然”选项区中选择“冰柱”示例效果，将文字设置为冰柱图案的样式，效果如图 4-87 所示。

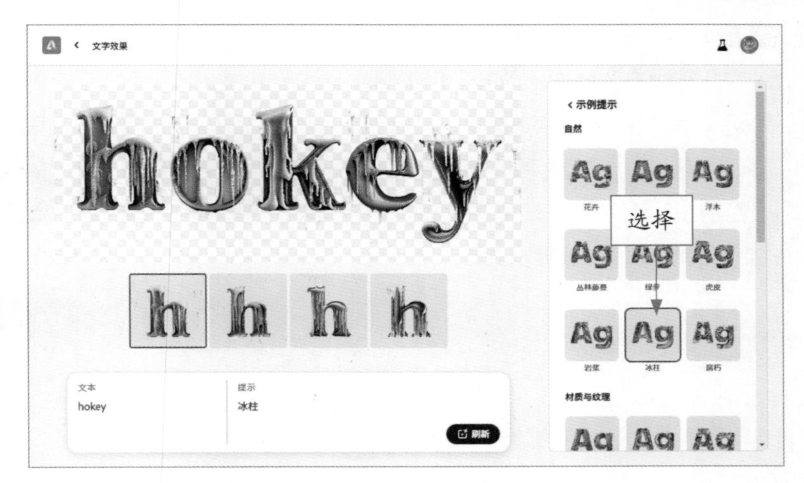


图 4-87　将文字设置为冰柱图案样式

**专家指点**

冰柱文字样式追求透明和冰晶的效果，以呈现出冰柱的透明度和光泽，这种文字样式常使用与冰雪相关的装饰元素，如雪花、冰晶等，以增强冬季氛围。

### 4.4.11　寿司填充文字效果

寿司文字样式通常带有日本元素、温暖的色调、温和的曲线和简约的效果，寿司填充文字效果如图 4-88 所示。这种文字样式被广泛应用于寿司餐厅的标识、食品包装设计、与日本文化相关活动等领域。下面介绍制作寿司文字效果的方法。

扫码看视频

图 4-88　寿司填充文字效果

**STEP 01** 进入“文字效果”页面，在输入框左侧和右侧均输入 ration（日料），单击“生成”按钮，即可生成相应的文字效果，如图 4-89 所示。

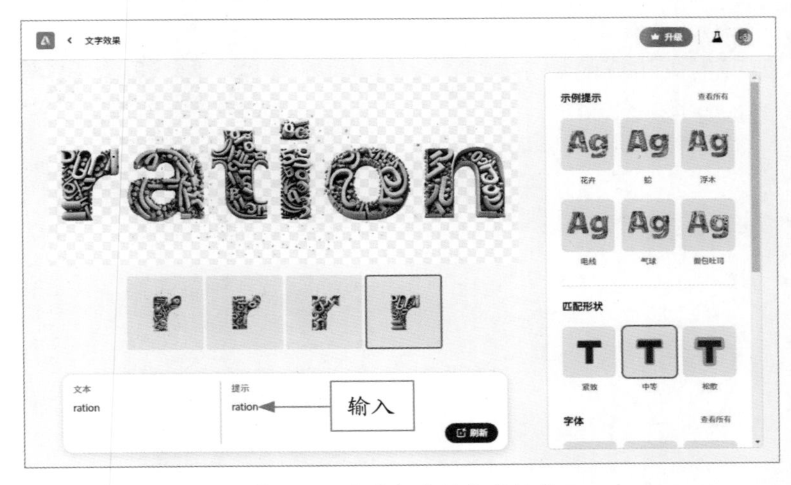


图 4-89　生成相应的文字效果

STEP 02 单击“示例提示”右侧的“查看所有”按钮，展开相应面板，在“食品饮料”选项区中选择“寿司”示例效果，将文字设置为Firefly中的寿司图案样式，效果如图4-90所示。

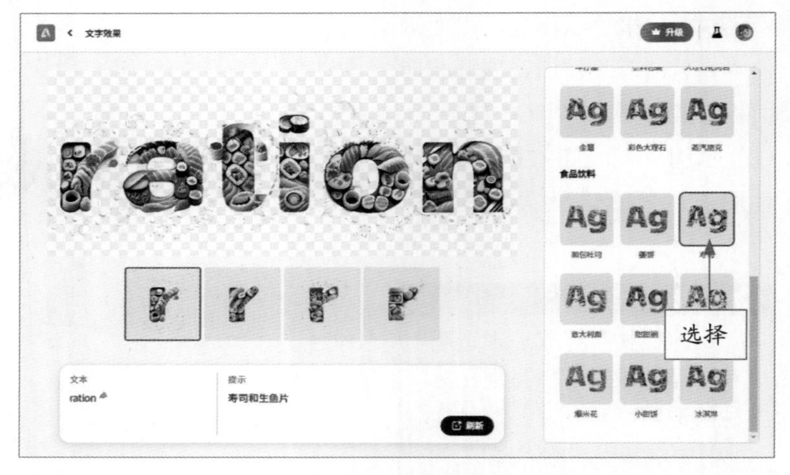


图4-90 将文字设置为寿司图案样式

## 4.4.12 虎皮填充文字效果

扫码看视频

虎皮文字样式是一种通过模仿虎皮图案填充字体内部或周围的空白部分，使文字看起来就像被虎皮图案所填充的字体效果，虎皮填充文字效果如图4-91所示。下面介绍制作虎皮填充文字效果的方法。

图4-91 虎皮填充文字效果

STEP 01 进入“文字效果”页面，在输入框左侧和右侧均输入tiger（老虎），单击“生成”按钮，即可生成相应的文字效果，如图4-92所示。

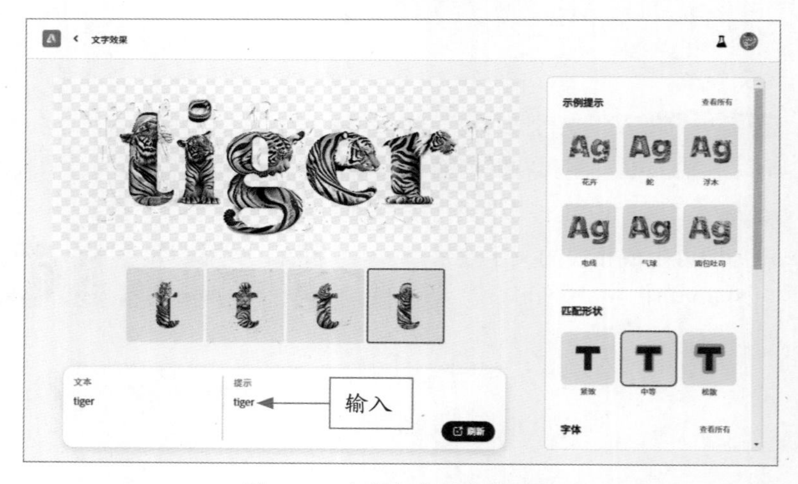


图4-92 生成相应的文字效果

STEP 02 单击“示例提示”右侧的“查看所有”按钮，展开相应面板，在“自然”选项区中选择“虎皮”示例效果，将文字设置为 Firefly 中的虎皮图案样式，效果如图 4-93 所示。

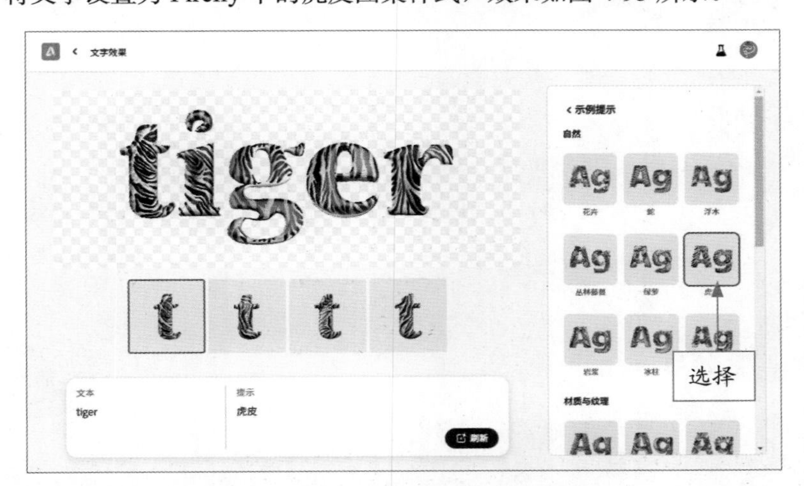


图 4-93　将文字设置为虎皮图案样式

STEP 03 单击“示例提示”名称返回相应面板，在“匹配形状”选项区中，选择“紧致”选项，即可将虎皮文字样式设置为“紧致”效果，使文字与图案紧凑地挨在一起，如图 4-94 所示。

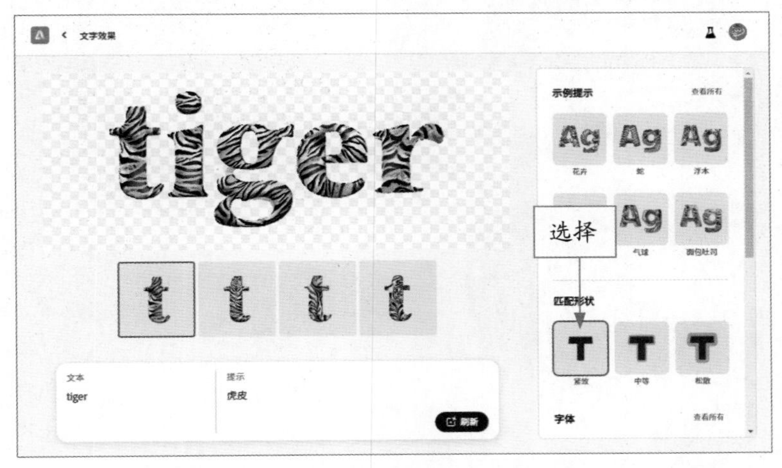


图 4-94　设置虎皮文字样式为“紧致”效果

# 第5章

# 智能识别，图形着色

## 章前知识导读

Firefly 的"创意重新着色"功能是指可以对 SVG（全称为 Scalable Vector Graphics，大意为可缩放矢量图形）文件的矢量图形进行重新着色，生成矢量艺术品的颜色变化。本章主要讲解为矢量图形重新着色的操作方法。

## 新手重点索引

- 设置示例提示进行着色
- 设置固定色彩进行着色
- 设置图形色彩进行着色
- 图形着色的案例实战

## 效果图片欣赏

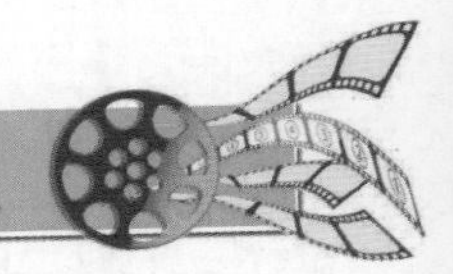

## 5.1 设置示例提示进行着色

在矢量着色中，“示例提示”通常指用于生成样本颜色或设计的提示，这些提示用来指导生成模型的输入，以产生具有期望特征或风格的输出图像。通过提供不同的样本提示，可以引导 Firefly 将矢量图形生成多样化的颜色效果。样本提示在图形颜色中起到指导和刺激生成过程的作用，可以帮助矢量图形生成与示例提示相似或相关的颜色。本节主要介绍使用“示例提示”进行矢量着色的方法。

### 5.1.1 “三文鱼寿司”样式

扫码看视频

“三文鱼寿司”样式的主要颜色是橙色或粉红色，这种颜色与新鲜的三文鱼肉的色调相对应，它呈现出柔和而温暖的外观。“三文鱼寿司”样式的颜色也不是单一的纯色，而是由混合色调组成，包括橙色、粉红色和略带黄色或白色的斑点或条纹，该样式着色图形的效果如图 5-1 所示。下面介绍使用“三文鱼寿司”样式着色 SVG 矢量图形的操作方法。

图 5-1　“三文鱼寿司”样式着色图形的效果

**STEP 01** 进入 Adobe Firefly 主页，在“创意重新着色”选项区中单击“生成”按钮，如图 5-2 所示。

图 5-2　单击“生成”按钮

STEP 02 执行操作后，进入“创意重新着色”页面，单击“上传 SVG”按钮，如图 5-3 所示。

图 5-3 单击“上传 SVG”按钮

STEP 03 弹出“打开”对话框，在其中选择一个 SVG 文件，如图 5-4 所示。

STEP 04 单击“打开”按钮，即可上传 SVG 文件，在输入框右侧输入关键词“黄色渐变”，单击“生成”按钮，如图 5-5 所示。

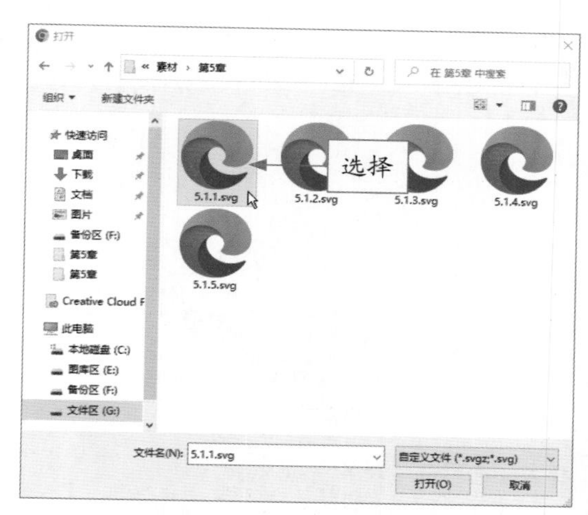


图 5-4 选择一个 SVG 文件

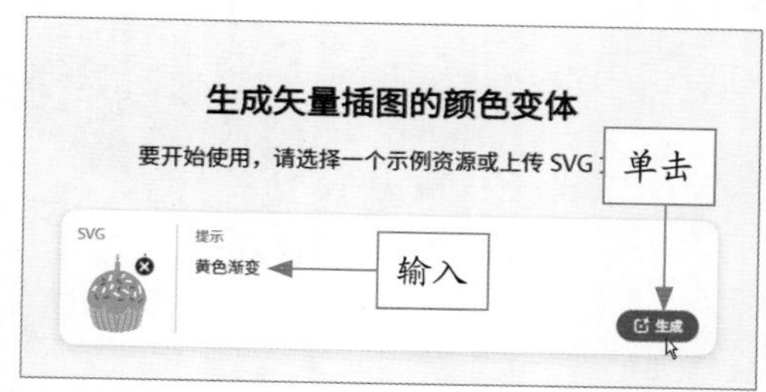


图 5-5 单击“生成”按钮

STEP 05 执行操作后，即可将图形重新着色为黄色渐变，如图 5-6 所示。

图 5-6 将图形重新着色为黄色渐变

STEP 06 在页面右侧的“示例提示”选项区中，选择“三文鱼寿司”样式，即可将图像更改为“三文鱼寿司”的色调，如图 5-7 所示。需要用户注意的是，即使上传相同的矢量图形，Firefly 每次生成的图形颜色也不一样。

图 5-7　将图像更改为“三文鱼寿司”的色调

STEP 07 下载相应的图像效果，放大预览图片，查看重新着色后的矢量图形，可以看到图形呈现出红色调和橙色调。

## 5.1.2　“沙滩石滩”样式

“沙滩石滩”的图形颜色通常以中性色调为主，如米色、灰色、棕色等，这些中性色调模拟了海滩上的沙石颜色，给人一种自然而柔和的感觉。“沙滩石滩”样式着色图形的效果如图 5-8 所示。下面介绍使用“沙滩石滩”样式着色 SVG 矢量图形的操作方法。

扫码看视频

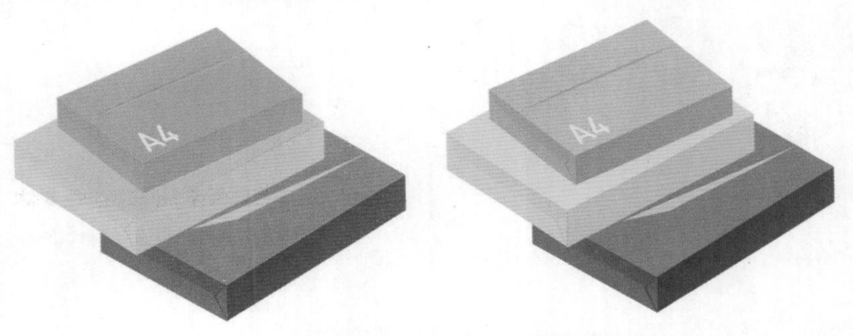


图 5-8　“沙滩石滩”样式着色图形的效果

STEP 01 进入“创意重新着色”页面，单击“上传 SVG”按钮，上传一个 SVG 文件，在输入框右侧输入关键词“沙子颜色”，单击“生成”按钮，如图 5-9 所示。

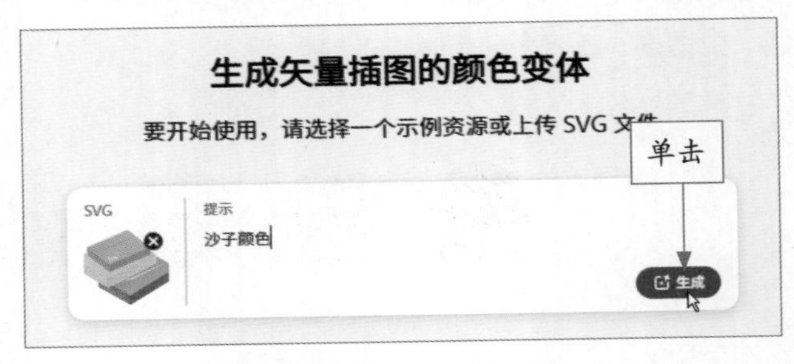


图 5-9　单击“生成”按钮

STEP 02 执行操作后，即可生成沙子颜色的矢量图形，如图 5-10 所示。

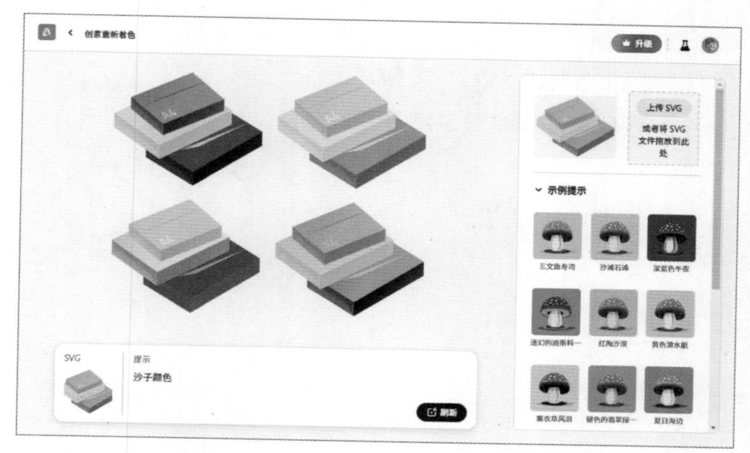


图 5-10　生成沙子颜色的矢量图形

STEP 03 在页面右侧的“示例提示”选项区中，选择“沙滩石滩”样式，单击“生成”按钮，即可将图形更改为“沙滩石滩”的色调，如图 5-11 所示。放大预览矢量图形的颜色色调，沙滩石滩的图形颜色会因为插画不同而有所变化。

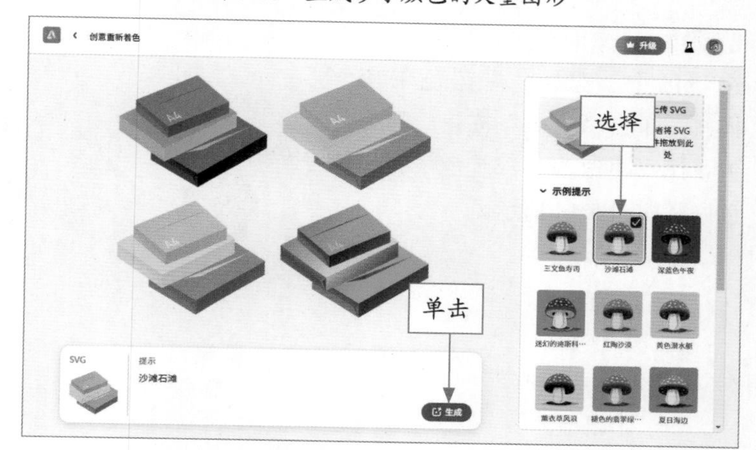


图 5-11　将图形更改为“沙滩石滩”的色调

## 5.1.3　“深蓝色午夜”样式

“深蓝色午夜”的图形颜色主要使用深蓝色调，给人一种深沉和神秘的感觉。深蓝色通常具有较低的饱和度，即颜色的纯度较低，不会给人过于刺眼或过于鲜艳的感觉。“深蓝色午夜”样式着色图形的效果如图 5-12 所示。下面介绍使用“深蓝色午夜”样式着色 SVG 矢量图形的操作方法。

扫码看视频

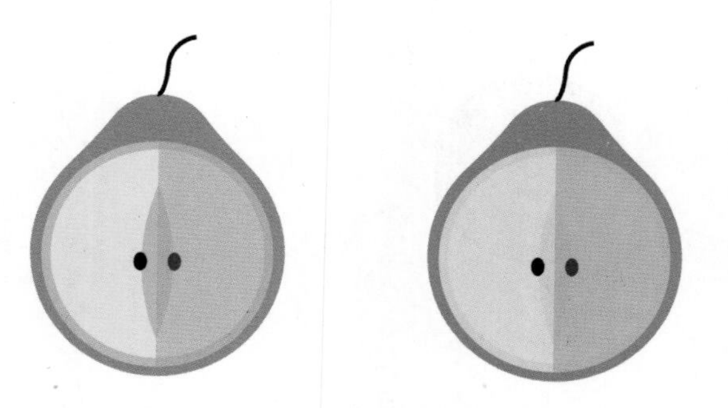

图 5-12　“深蓝色午夜”样式着色图形的效果

STEP 01 在上一例的基础上，在页面右侧单击“上传SVG”按钮，上传一个SVG文件，如图5-13所示。

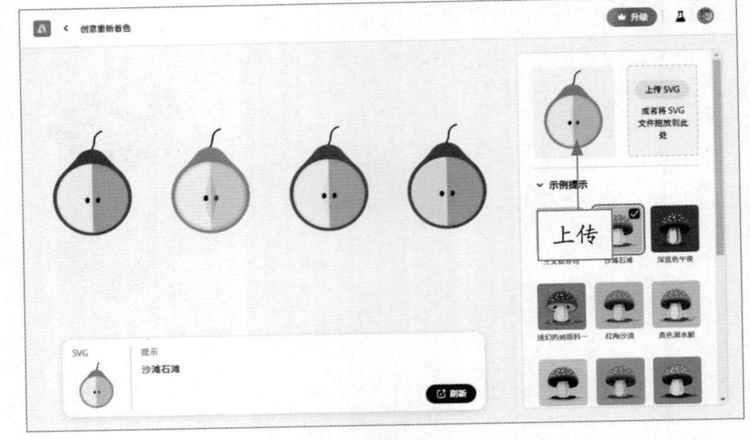


图5-13 上传一个SVG文件

STEP 02 在页面右侧的“示例提示”选项区中，选择“深蓝色午夜”样式，单击“生成”按钮，即可将矢量图形更改为“深蓝色午夜”的色调，如图5-14所示。

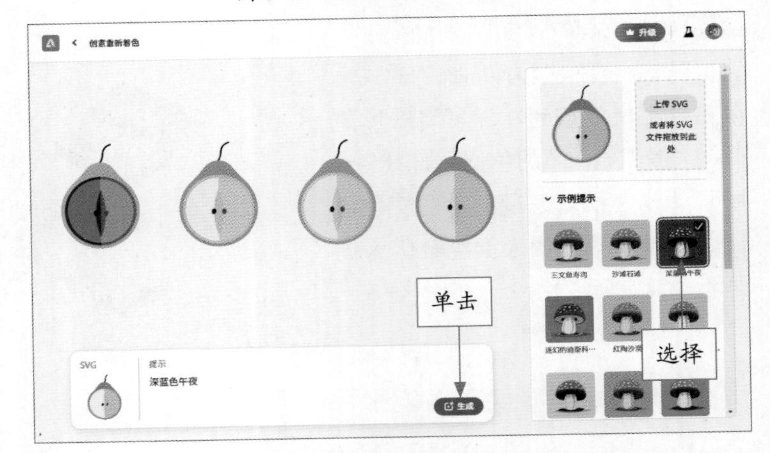


图5-14 将矢量图形更改为“深蓝色午夜”的色调

## 5.1.4 “迷幻的迪斯科舞厅灯光”样式

“迷幻的迪斯科舞厅灯光”样式通常会使用鲜艳明亮的颜色，如红色、绿色、蓝色、黄色等，这些颜色能够吸引人们的眼球，产生强烈的视觉效果，该样式着色图形的效果如图5-15所示。下面介绍使用“迷幻的迪斯科舞厅灯光”样式着色SVG矢量图形的操作方法。

扫码看视频

图5-15 “迷幻的迪斯科舞厅灯光”样式着色图形的效果

**STEP 01** 在上一例的基础上，在页面右侧单击“上传 SVG”按钮，上传一个 SVG 文件，如图 5-16 所示。

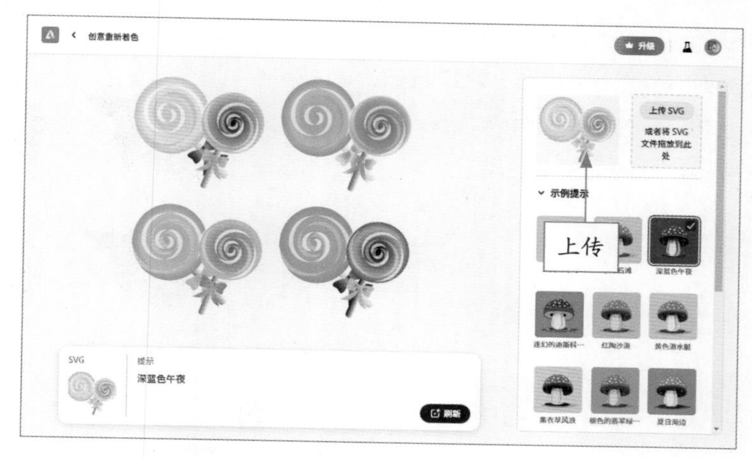


图 5-16　上传一个 SVG 文件

**STEP 02** 在页面右侧的“示例提示”选项区中，选择“迷幻的迪斯科舞厅灯光”样式，单击“生成”按钮，即可将矢量图形颜色更改为鲜艳的“迷幻的迪斯科舞厅灯光”的色调，如图 5-17 所示。放大预览矢量图形的颜色，图形呈黄色和紫色色调。

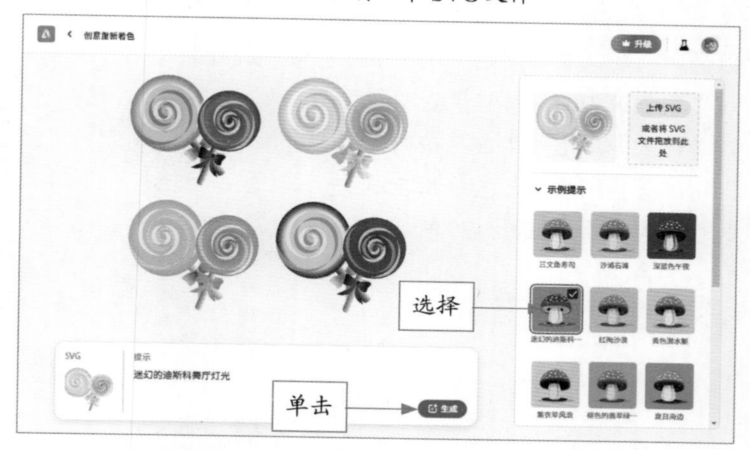


图 5-17　将矢量图形颜色更改为“迷幻的迪斯科舞厅灯光”的色调

## 5.1.5　“薰衣草风浪”样式

“薰衣草风浪”的图形颜色主要使用淡紫色，类似于薰衣草花朵的颜色，这种图形颜色给人一种柔和、浪漫的视觉感受，可以营造出轻松、宁静的氛围。“薰衣草风浪”样式着色图形的效果如图 5-18 所示。下面介绍使用“薰衣草风浪”样式着色 SVG 矢量图形的操作方法。

扫码看视频

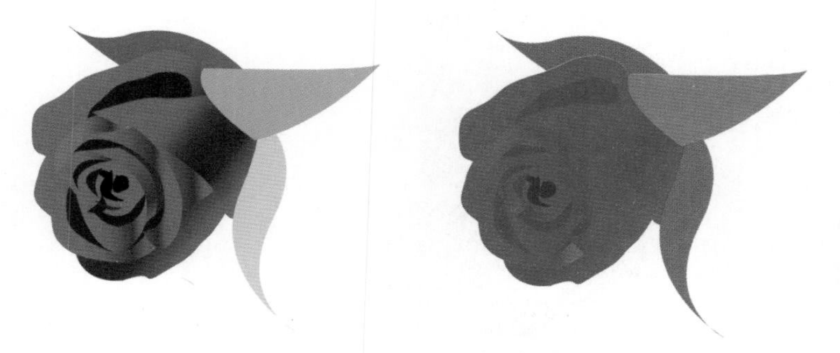

图 5-18　“薰衣草风浪”样式着色图形的效果

STEP 01 在上一例的基础上，在页面右侧单击“上传SVG”按钮，上传一个 SVG 文件，如图 5-19 所示，原图为橘黄色调。

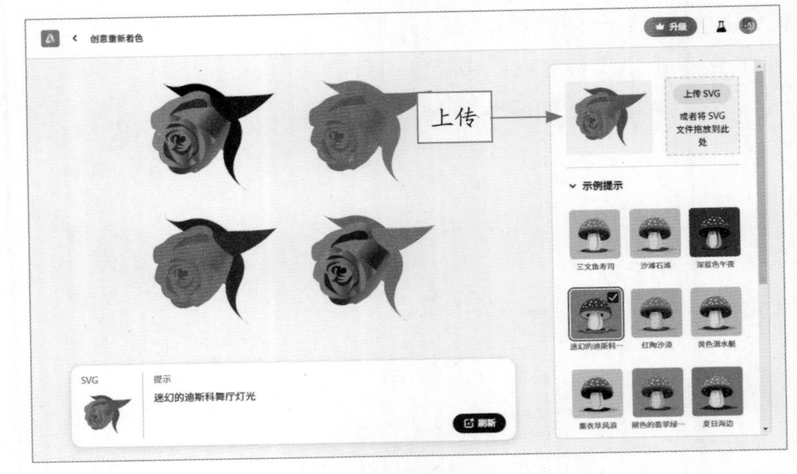


图 5-19　上传一个 SVG 文件

STEP 02 在页面右侧的“示例提示”选项区中，选择“薰衣草风浪”样式，单击“生成”按钮，即可将矢量图形更改为“薰衣草风浪”的色调，如图 5-20 所示。

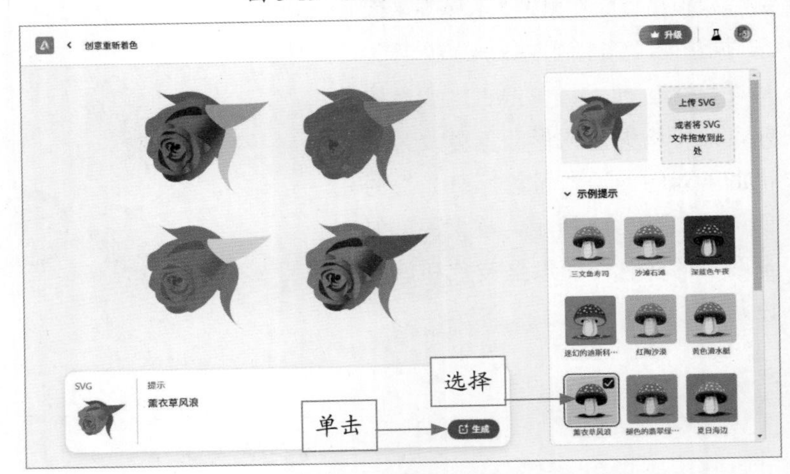


图 5-20　将矢量图形更改为“薰衣草风浪”的色调

## 5.1.6　“黄色潜水艇”样式

“黄色潜水艇”的图形颜色主要使用黄色色调，这是一种明亮、快乐和活泼的颜色，“黄色潜水艇”样式着色图形的效果如图 5-21 所示。下面介绍使用“黄色潜水艇”样式着色 SVG 矢量图形的方法。

扫码看视频

图 5-21　“黄色潜水艇”样式着色图形的效果

STEP 01 在上一例的基础上，在页面右侧单击“上传 SVG”按钮，上传一个 SVG 文件，如图 5-22 所示。

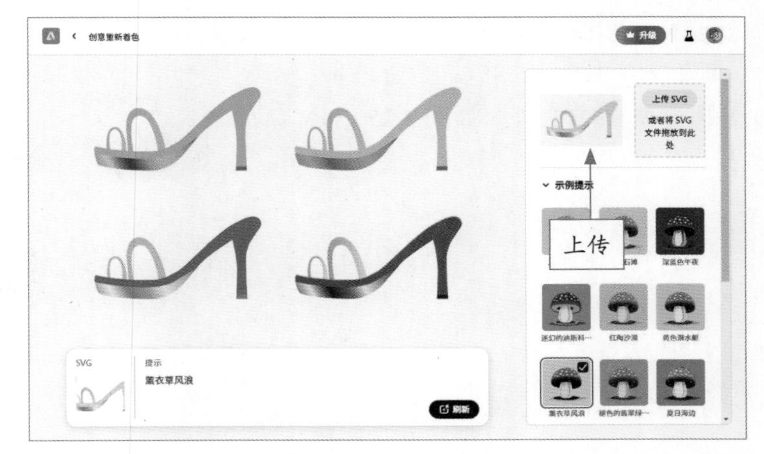


图 5-22　上传一个 SVG 文件

STEP 02 在页面右侧的“示例提示”选项区中，选择“黄色潜水艇”样式，单击“生成”按钮，即可将矢量图形更改为“黄色潜水艇”色调，如图 5-23 所示。

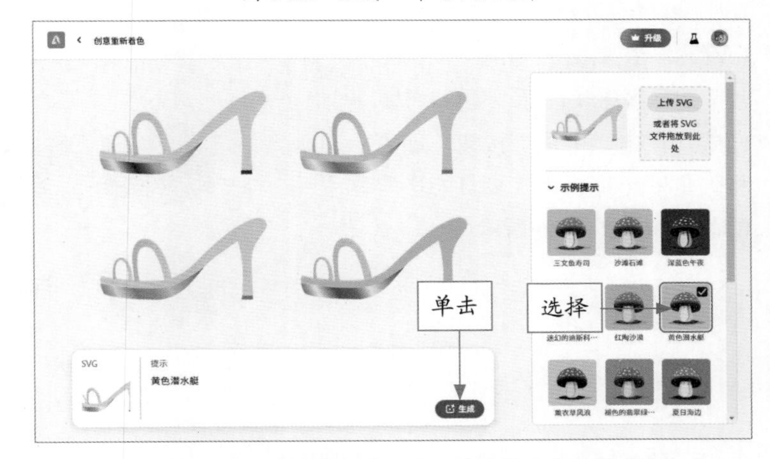


图 5-23　将矢量图形更改为“黄色潜水艇”色调

## 5.1.7　“夏日海边”样式

“夏日海边”的图形颜色以青色为主，这是一种清澈、明亮而令人愉悦的颜色。“夏日海边”样式着色图形的效果如图 5-24 所示。下面介绍使用“夏日海边”样式着色 SVG 矢量图形的方法。

扫码看视频

图 5-24　“夏日海边”样式着色图形的效果

STEP 01 在上一例的基础上，在页面右侧单击“上传 SVG”按钮，上传一个 SVG 文件，如图 5-25 所示。

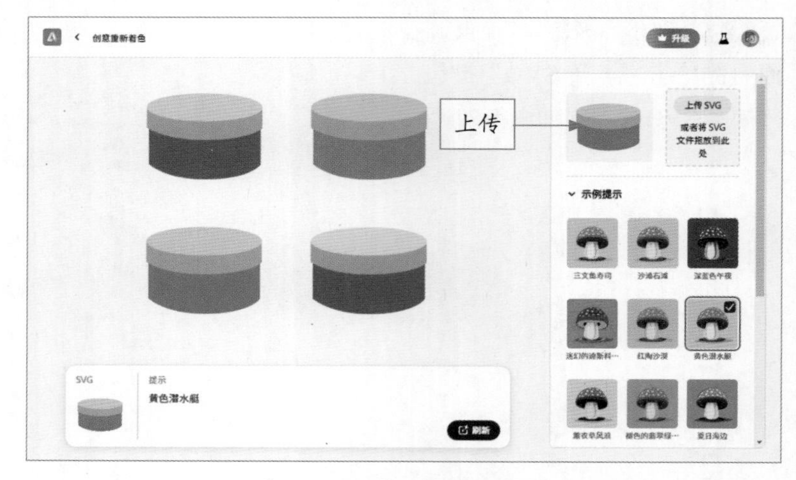


图 5-25　上传一个 SVG 文件

STEP 02 在页面右侧的“示例提示”选项区中，选择“夏日海边”样式，单击“生成”按钮，即可将矢量图形更改为“夏日海边”的色调，如图 5-26 所示。

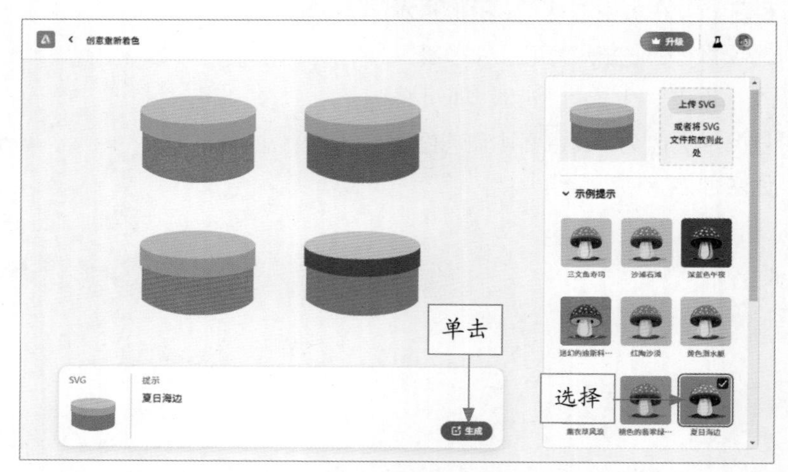


图 5-26　将矢量图形更改为“夏日海边”的色调

## 5.2 设置图形色彩进行着色

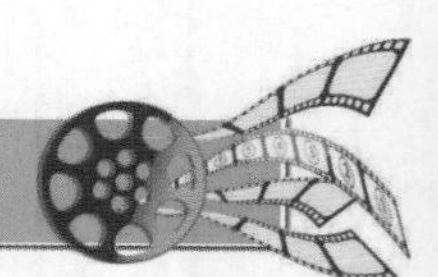

“颜色调和”列表框中包含了多种图形样式，它强调各个元素之间的平衡、协调和统一，各个元素在布局上均匀分布，使整个图形给人一种稳定的颜色调和的感觉。本节主要介绍为矢量图形设置相应“颜色调和”样式的方法。

### 5.2.1 “互补色”样式

互补色是指位于彩色光谱相对位置的颜色，它们相互补充并形成最大的对比度。在互补色的颜色调和样式中，通常使用两个相对位置的互补色，使它们相互平衡和协调，“互补色”样式着色图形的效果如图 5-27 所示。下面介绍使用“互补色”样式处理图形的方法。

扫码看视频

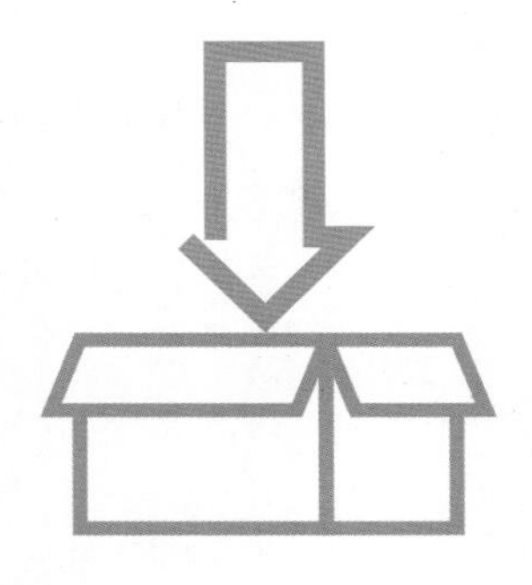

图 5-27　“互补色”样式着色图形的效果

**STEP 01** 在“创意重新着色”页面中单击“上传 SVG”按钮，上传一个 SVG 文件，并将图形设置为“三文鱼寿司”样式，如图 5-28 所示。

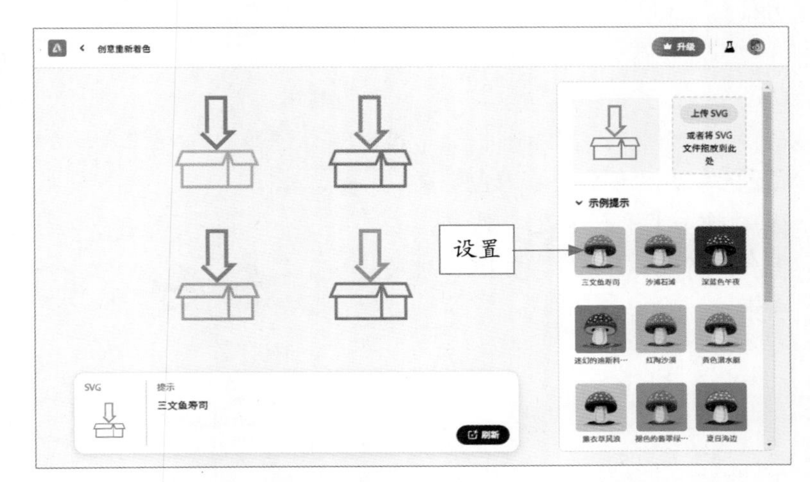


图 5-28　将图形设置为“三文鱼寿司”样式

**STEP 02** 在页面右侧的“颜色调和”列表框中选择“互补色”选项，如图 5-29 所示，通过使用互补色为图形创造视觉上的平衡。放大预览矢量图形，可以看到图形中的颜色组合都是互补色系，整个画面的颜色更加协调、统一。

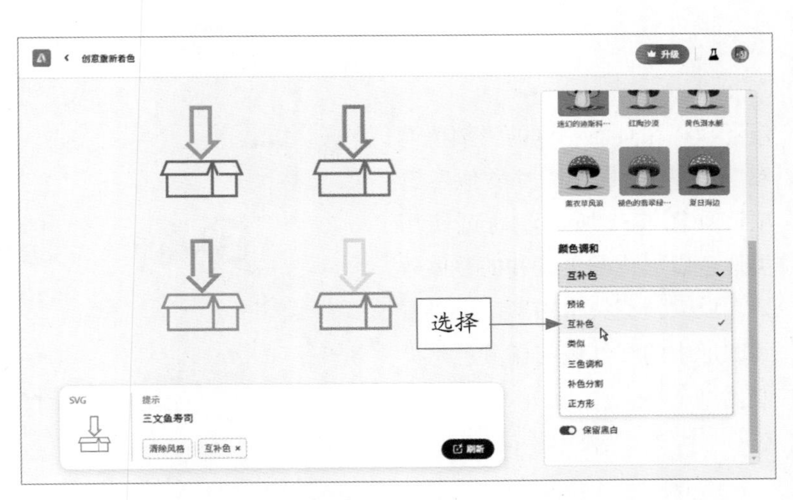


图 5-29　选择“互补色”选项

## 5.2.2 “类似”样式

类似色是指位于彩色光谱相邻位置的颜色，它们在色轮上靠近彼此。在类似色的颜色调和样式中，通常使用相邻的颜色作为主要调色板，使用彼此相近的颜色来营造出平衡、协调的图形效果。“类似”样式着色图形的效果如图 5-30 所示。下面介绍使用“类似”样式处理图形的方法。

图 5-30 “类似”样式着色图形的效果

STEP 01 在“创意重新着色”页面中单击“上传 SVG”按钮，上传一个 SVG 文件，如图 5-31 所示。

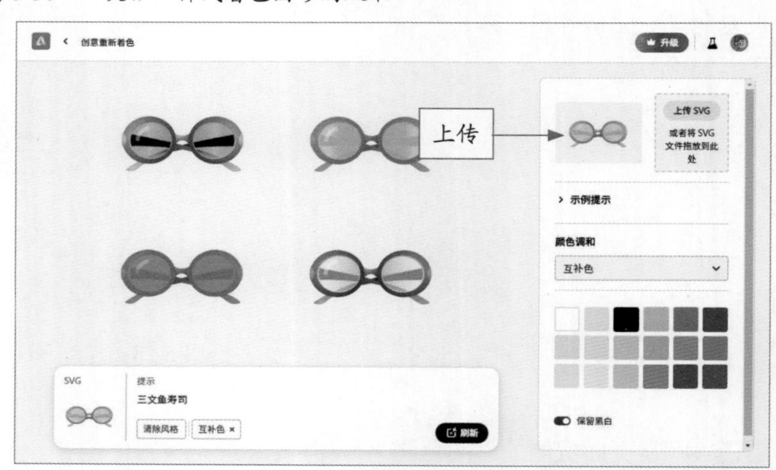


图 5-31 上传一个 SVG 文件

STEP 02 在页面右侧的“颜色调和”列表框中选择“类似”选项，如图 5-32 所示，通过使用类似色以形成颜色调和的整体效果。放大预览矢量图形，可以看到图形中的洋红色与橘黄色是类似色。

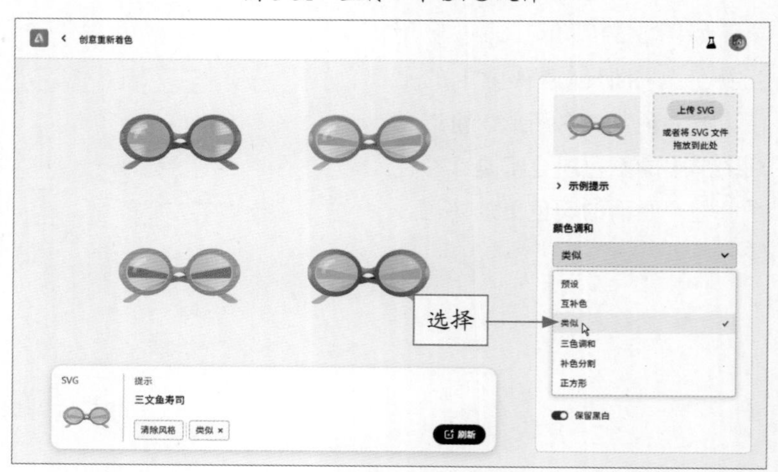


图 5-32 选择“类似”选项

## 5.2.3　“三色调和”样式

在色轮上，“三色调和”通常是以等距离分布的三个颜色形成的。最常见的“三色调和”以等边三角形形状的三个颜色为例，如红色、黄色和蓝色，或者橙色、绿色和紫色。“三色调和”样式指使用三种相互等距离分布的颜色，形成一个平衡、协调的色彩组合，该样式着色图形的效果如图 5-33 所示。下面介绍使用“三色调和”样式处理图形的方法。

扫码看视频

图 5-33　“三色调和”样式着色图形的效果

**STEP 01** 在“创意重新着色”页面中单击“上传 SVG”按钮，上传一个 SVG 文件，如图 5-34 所示。

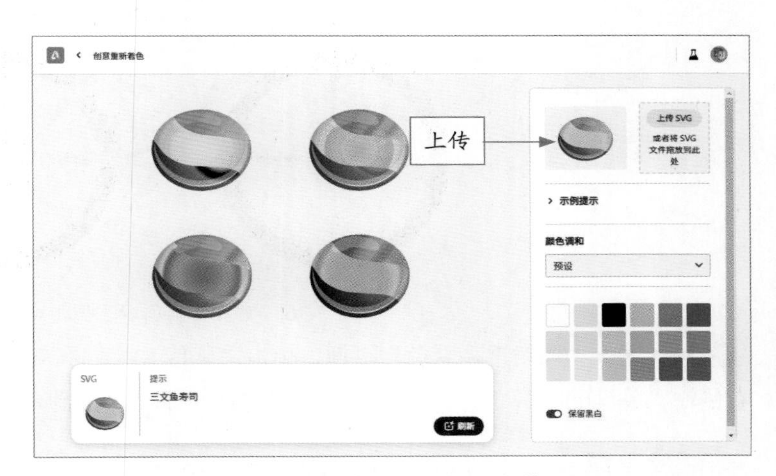


图 5-34　上传一个 SVG 文件

**STEP 02** 在页面右侧的“颜色调和”列表框中选择“三色调和”选项，如图 5-35 所示，通过三种颜色的组合，矢量图形达到了视觉上的平衡。放大预览矢量图形，利用三种颜色的比例和分布，可以创造出引人注目的图形效果。

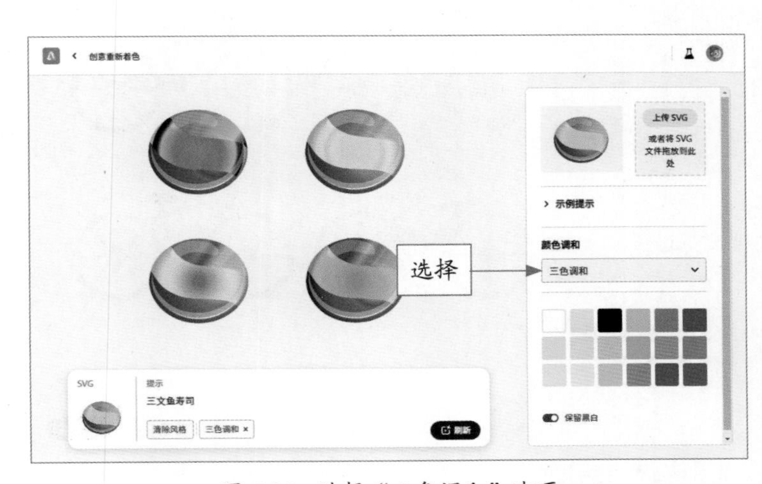


图 5-35　选择“三色调和”选项

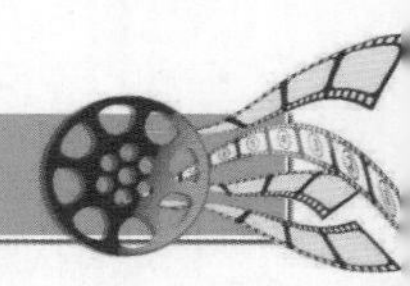

## 5.3 设置固定色彩进行着色

在“创意重新着色”页面中，用户不仅可以使用“示例提示”中的颜色样本对矢量图形进行重新着色，还可以指定某一种或多种颜色来为矢量图形着色。本节主要介绍为矢量图形设置固定色彩进行重新着色的方法。

### 5.3.1 渐变颜色处理

在 Firefly 中，使用渐变色样式可以为矢量图形填充单独的色块，效果如图 5-36 所示，具体操作方法如下。

扫码看视频

图 5-36 使用渐变色着色图形的效果

STEP 01 进入“创意重新着色”页面，单击“上传 SVG”按钮，上传一个 SVG 文件，然后在输入框右侧输入关键词“渐变色”，单击“生成”按钮，即可生成渐变色色调的矢量图形，如图 5-37 所示。

图 5-37 生成渐变色色调的矢量图形

STEP 02 在“颜色调和”列表框的下方，单击朱红色色块，即可将矢量图形颜色设置为朱红色，效果如图 5-38 所示。放大预览矢量图形，图形的颜色呈朱红色和深黄色色调。

图 5-38　将矢量图形颜色设置为朱红色

### 5.3.2　多个颜色处理

用户不仅可以为矢量图形填充单个的颜色，还可以指定多个颜色对矢量图形进行着色处理，效果如图 5-39 所示，具体操作步骤如下。

扫码看视频

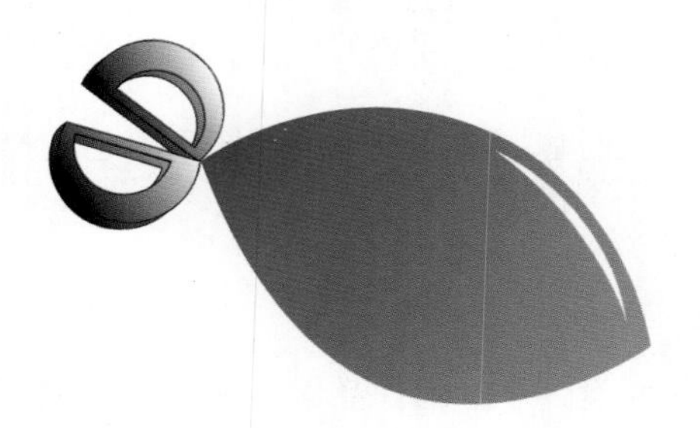

图 5-39　多个颜色着色图形的效果

STEP 01 进入“创意重新着色”页面，单击“上传 SVG”按钮，上传一个 SVG 文件。在输入框右侧输入关键词“渐变色”，单击“生成”按钮，即可生成相应色调的矢量图形，如图 5-40 所示。

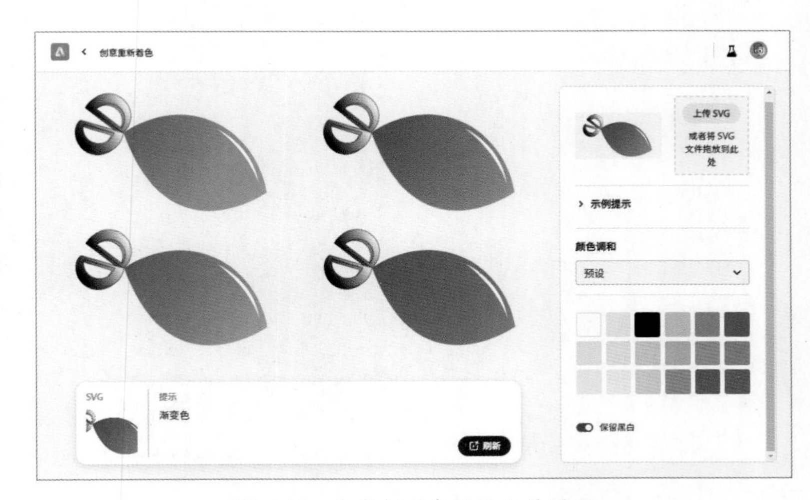


图 5-40　生成相应色调的矢量图形

STEP 02 在“颜色调和”列表框的下方，单击天蓝色、蓝紫色和浅莱姆绿色色块，即可为矢量图形设置多种色调的填充效果，如图 5-41 所示。放大预览矢量图形，其中包含了设置的多种组合色调。

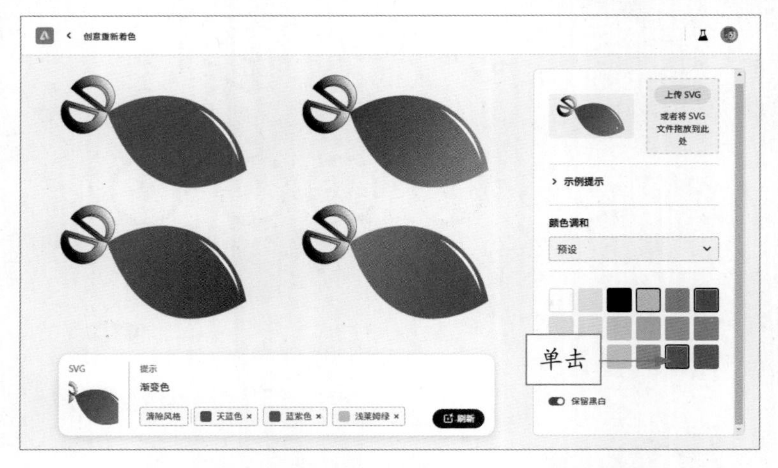


图 5-41　为矢量图形设置多种色调的填充效果

## 5.4 图形着色的案例实战

通过对前面知识点的学习，我们掌握了多种为矢量图形着色的操作方法，下面向大家介绍矢量图形重新着色的典型案例。

### 5.4.1 风景图形重新着色

风景图形可以用于插画和平面设计中，为作品增添趣味性和视觉吸引力，其重新着色效果如图 5-42 所示。下面介绍为风景图形重新着色的方法。

扫码看视频

图 5-42　风景图形的重新着色效果

STEP 01 进入“创意重新着色”页面，单击“上传 SVG”按钮，上传一个 SVG 文件。在输入框右侧输入关键词“自然色”，单击“生成”按钮，即可生成自然色调的矢量图形，如图 5-43 所示。

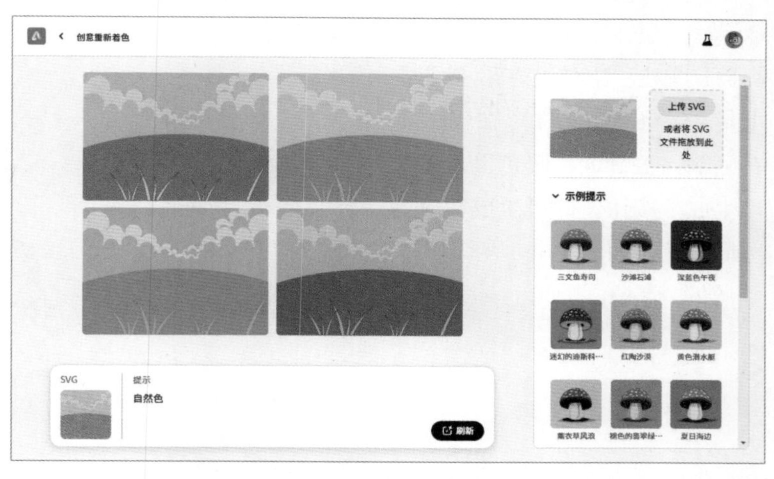


图 5-43　生成自然色调的矢量图形

STEP 02 在页面右侧的“示例提示”选项区中，选择“三文鱼寿司”样式，即可将矢量图形更改为“三文鱼寿司”色调；在下方的“颜色调和”列表框中选择“互补色”选项，通过互补色创造视觉上的平衡，如图 5-44 所示。放大预览风景图形的颜色，图形中的草地和天空呈橘色调，整个画面给人一种秋天大丰收的视觉感。

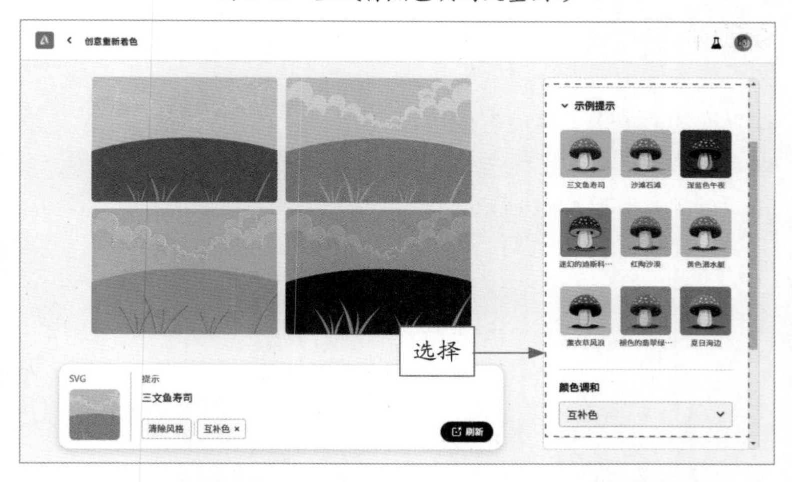


图 5-44　将矢量图形更改为“三文鱼寿司”和“互补色”的色调

## 5.4.2　商品图形重新着色

在设计商品图形的过程中，有时我们需要呈现出商品的不同色调，此时可以在 Firefly 中对图形进行重新着色，效果如图 5-45 所示。下面介绍为商品图形重新着色的方法。

扫码看视频

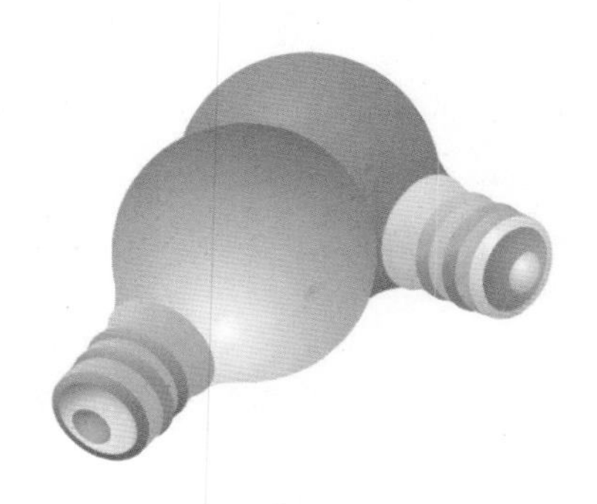

图 5-45　商品图形的重新着色效果

STEP 01 进入“创意重新着色”页面，单击“上传 SVG”按钮，上传一个 SVG 文件。在输入框右侧输入关键词“暖色”，单击“生成”按钮，即可生成相应的图形颜色，如图 5-46 所示。

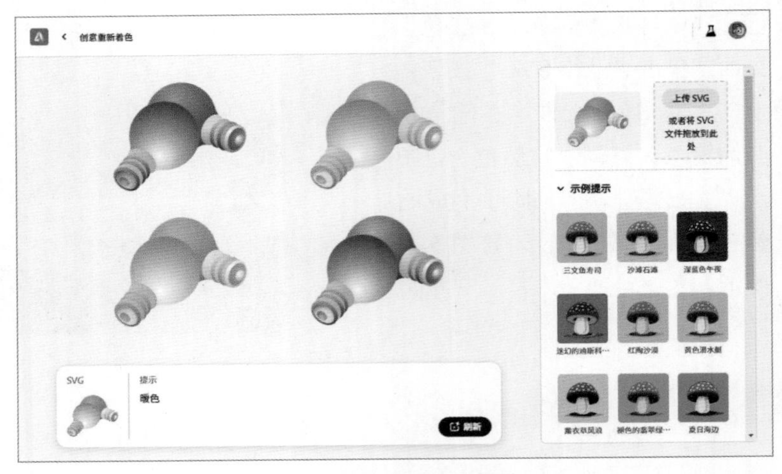


图 5-46　生成相应的图形颜色

STEP 02 在页面右侧的“示例提示”选项区中，选择“三文鱼寿司”样式，单击“生成”按钮，即可将图形更改为“三文鱼寿司”色调，如图 5-47 所示。

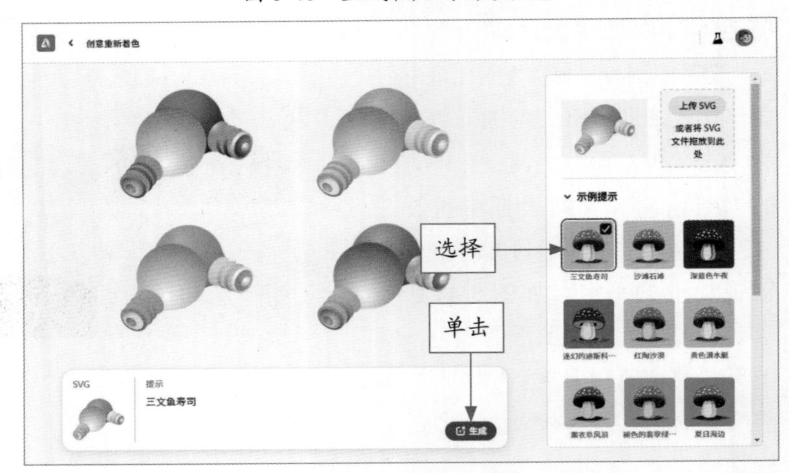


图 5-47　将图形更改为“三文鱼寿司”色调

STEP 03 在页面右侧的“颜色调和”列表框中选择“类似”选项，在下方单击鲜红色色块，表示为图形生成鲜红色的类似色，如图 5-48 所示。执行操作后，即可对商品图形进行重新着色。

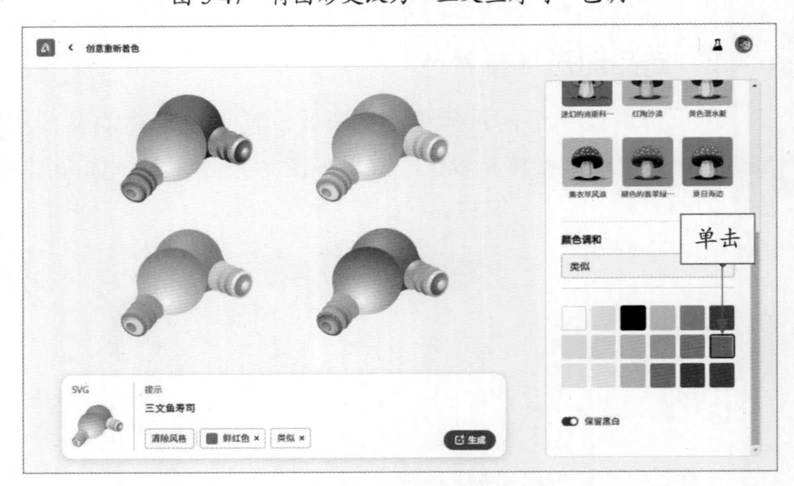


图 5-48　为图形生成鲜红色的类似色

### 5.4.3　人物图形重新着色

人物图形通常用于广告和营销活动中，用来作为形象代言人或故事角色，吸引目标受众的注意力，不同颜色的人物图形呈现出来的感觉不一样。人物图形的重新着色效果如图 5-49 所示。下面介绍为人物图形重新着色的方法。

扫码看视频

图 5-49　人物图形的重新着色效果

**STEP 01** 进入“创意重新着色”页面，单击“上传 SVG”按钮，上传一个 SVG 文件。在输入框右侧输入关键词“肤色”，单击“生成”按钮，即可生成相应的图形颜色，如图 5-50 所示。

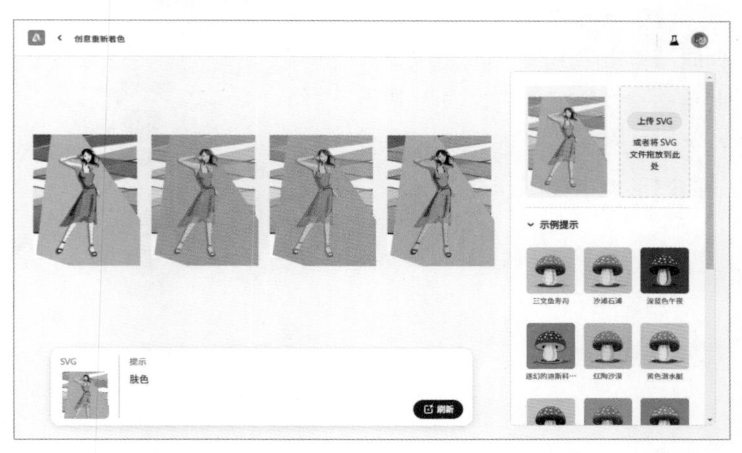


图 5-50　生成相应的图形颜色

**STEP 02** 在“颜色调和”列表框的下方，单击天蓝色和蓝紫色色块，为人物图形设置天蓝色和蓝紫色的效果，如图 5-51 所示，这种组合色调给人一种青春、活力的视觉感受。

图 5-51　为人物图形设置天蓝色和蓝紫色的效果

## 5.4.4 企业标识图形重新着色

企业标识作为公司的 Logo，适用于在各种场合和媒体上展示企业的身份和品牌形象，有助于增加品牌的知名度和认可度。企业标识图形的重新着色效果如图 5-52 所示。下面介绍为企业标识图形重新着色的操作方法。

扫码看视频

图 5-52 企业标识图形的重新着色效果

STEP 01 进入“创意重新着色”页面，单击“上传 SVG”按钮，上传一个 SVG 文件，并为其设置“深蓝色午夜”颜色样式，生成的图形效果如图 5-53 所示。

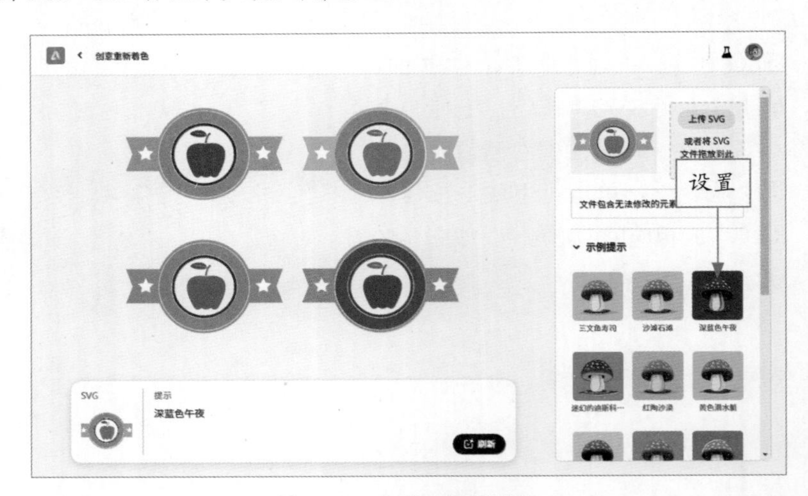


图 5-53 生成的图形效果

STEP 02 在页面右侧的“颜色调和”列表框中选择“类似”选项，在下方单击天蓝色色块，表示为图形生成天蓝色的类似色，如图 5-54 所示。执行操作后，即可为企业标识图形重新着色。

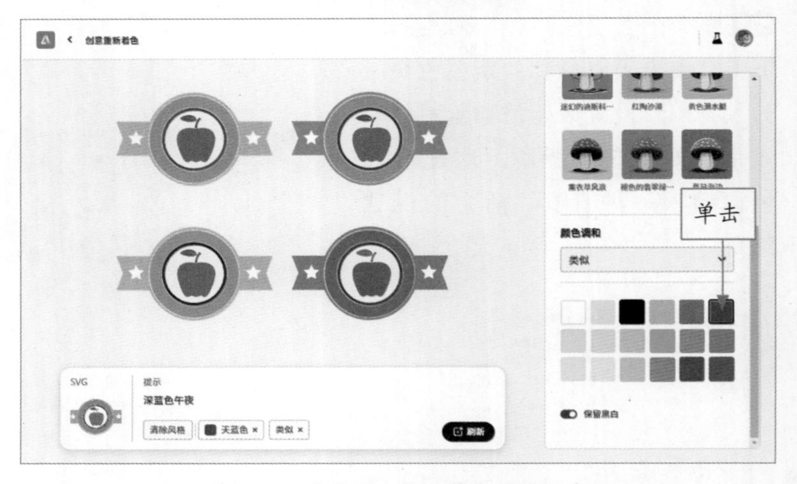


图 5-54 为图形生成天蓝色的类似色

## 5.4.5　乒乓球拍图形重新着色

乒乓球拍图形可以用于品牌推广，商家可以在乒乓球拍上印刷或绘制自己的品牌标识、商标、名称或广告信息，将其作为行走的广告展示给公众，这有助于增加品牌的知名度和认可度。乒乓球拍图形的重新着色效果如图 5-55 所示。下面介绍为乒乓球拍图形重新着色的方法。

扫码看视频

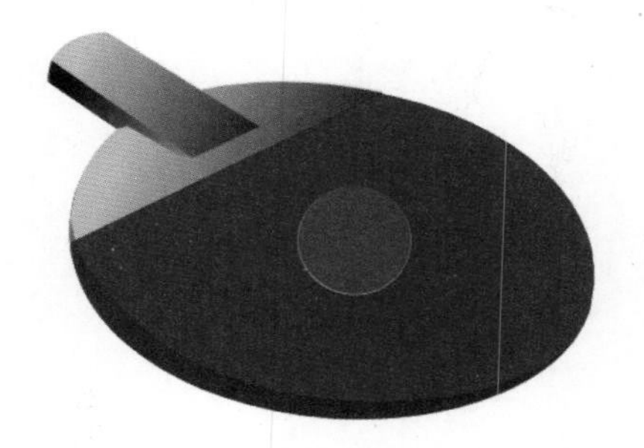

图 5-55　乒乓球拍图形的重新着色效果

**STEP 01** 进入“创意重新着色”页面，单击“上传 SVG”按钮，上传一个 SVG 文件，并为其设置“深蓝色午夜”颜色样式，生成的图形效果如图 5-56 所示。

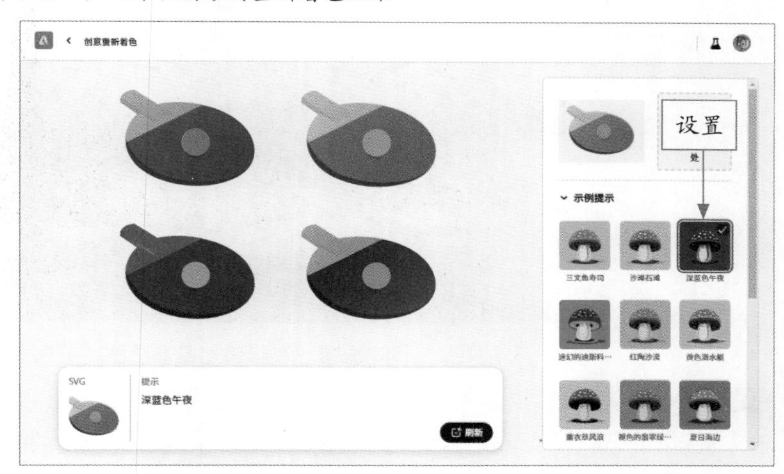


图 5-56　生成的图形效果

**STEP 02** 在页面右侧的“颜色调和”列表框中选择“类似”选项，在下方单击天蓝色色块，表示为图形生成天蓝色的类似色，如图 5-57 所示。执行操作后，即可为乒乓球拍图形重新着色。

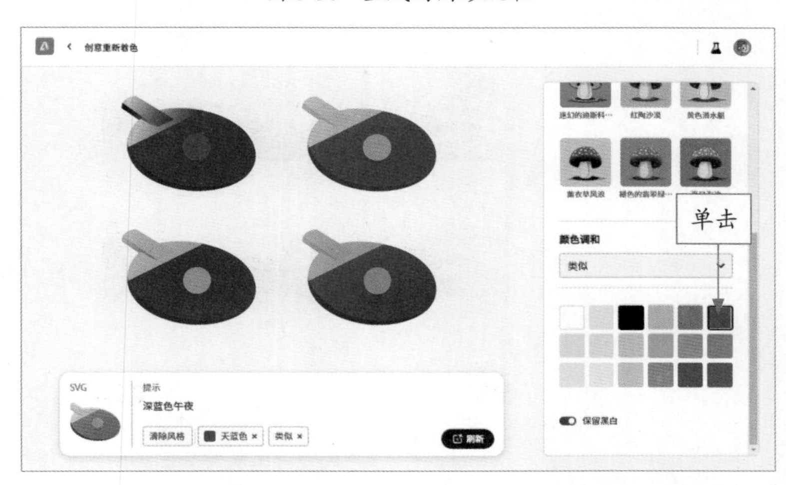


图 5-57　为图形生成天蓝色的类似色

**专家指点**

需要注意的是，蓝色给人的视觉感受因其不同的色调和饱和度而有所差异，同时视觉感受因个人的文化水平、经验和情感背景不同也会有所差异，不同的人可能对蓝色产生不同的联想和情绪反应。此外，蓝色的具体应用和应用环境也会影响人们对它的视觉感受。

### 5.4.6 夕阳风光图形重新着色

夕阳常被人们视为浪漫、温暖和宁静的象征。夕阳风光图形可以被用来表达感情，如爱情、思念、回忆等，其重新着色效果如图 5-58 所示。下面介绍为夕阳风光图形重新着色的方法。

扫码看视频

图 5-58 夕阳风光图形的重新着色效果

**STEP 01** 进入“创意重新着色”页面，单击“上传 SVG”按钮，上传一个 SVG 文件。在输入框右侧输入关键词“黄昏”，单击“生成”按钮，即可生成黄昏色调的矢量图形，如图 5-59 所示。

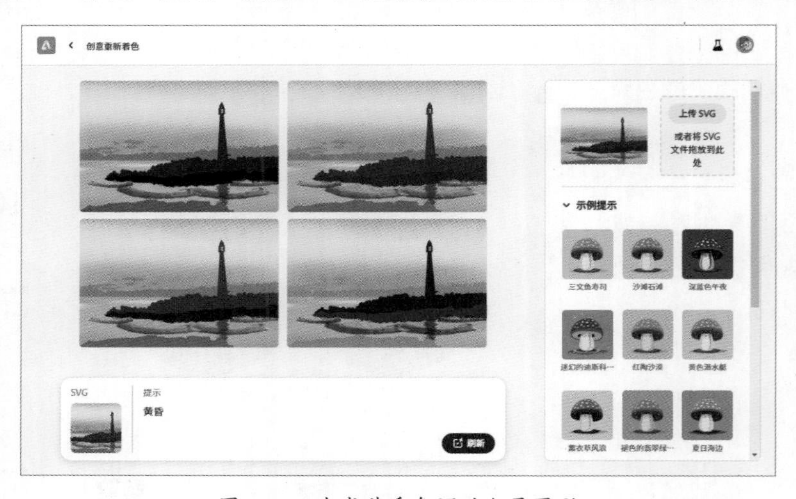


图 5-59 生成黄昏色调的矢量图形

STEP 02 在页面右侧的“示例提示”选项区中，选择“黄色潜水艇”样式，单击“生成”按钮，即可将矢量图形更改为“黄色潜水艇”色调，效果如图 5-60 所示。执行操作后，放大预览图形的颜色，整个画面给人一种温暖的视觉感受。

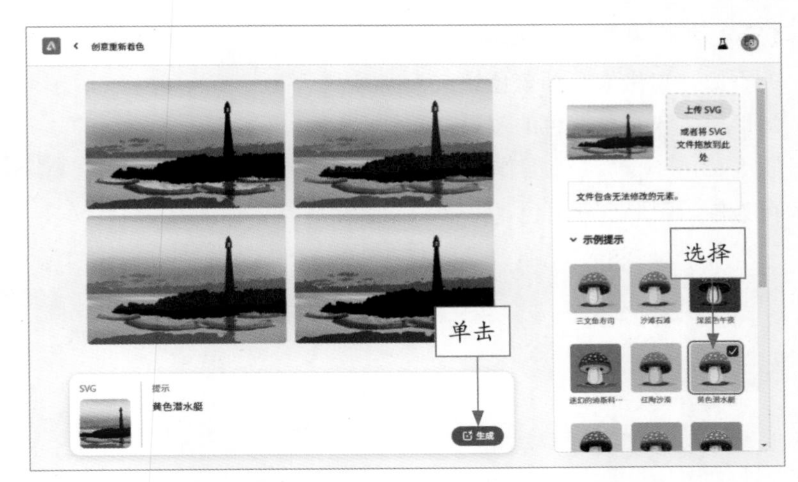


图 5-60　将矢量图形更改为“黄色潜水艇”的色调

## 5.4.7　帽子图形重新着色

用户在 Firefly 中可以根据自己的喜好或者潮流趋势选择不同的颜色，使帽子更符合个人风格和时尚搭配。帽子图形的重新着色效果如图 5-61 所示。为帽子图形重新着色的具体操作方法如下。

扫码看视频

图 5-61　帽子图形的重新着色效果

STEP 01 进入“创意重新着色”页面，单击“上传 SVG”按钮，上传一个 SVG 文件。在输入框右侧输入关键词“时尚”，单击“生成”按钮，即可生成相应的图形颜色，如图 5-62 所示。

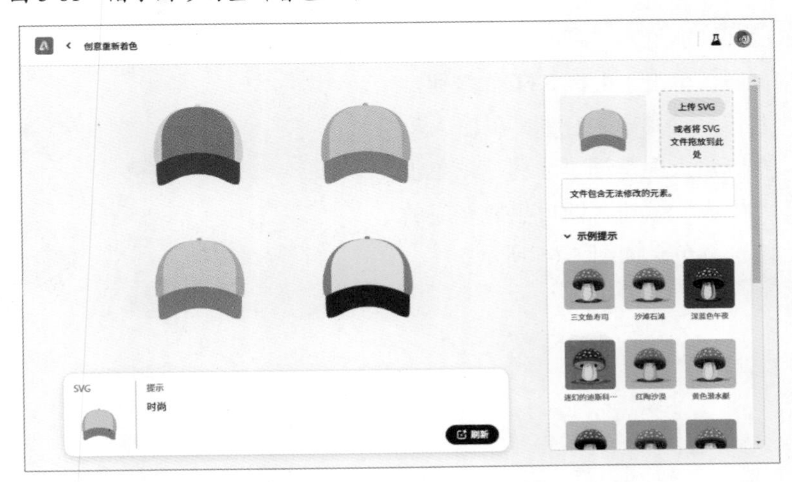


图 5-62　生成相应的图形颜色

STEP 02 在“颜色调和”列表框的下方，单击矢车菊蓝色块，为图形设置矢车菊蓝色的效果，如图 5-63 所示。执行操作后，即可为帽子图形重新着色。

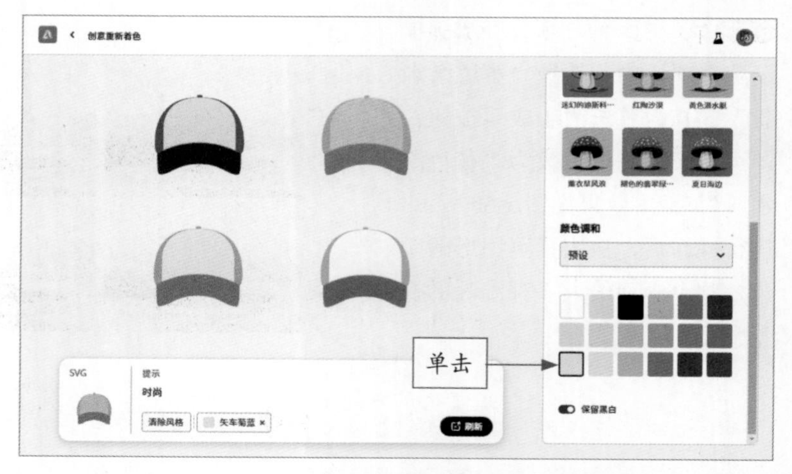


图 5-63 为图形设置矢车菊蓝色的效果

### 5.4.8 滑板图形重新着色

用户可以使用 Firefly 对滑板图形进行重新着色，改变滑板的颜色可以赋予滑板更个性化的外观。通过重新着色，可以使其与用户的个性和喜好相匹配，滑板图形的重新着色效果如图 5-64 所示。为滑板图形重新着色的具体操作方法如下。

扫码看视频

图 5-64 滑板图形的重新着色效果

STEP 01 进入“创意重新着色”页面，单击“上传 SVG”按钮，上传一个 SVG 文件。在输入框右侧输入关键词“涂鸦”，单击“生成”按钮，即可生成相应的图形颜色，如图 5-65 所示。

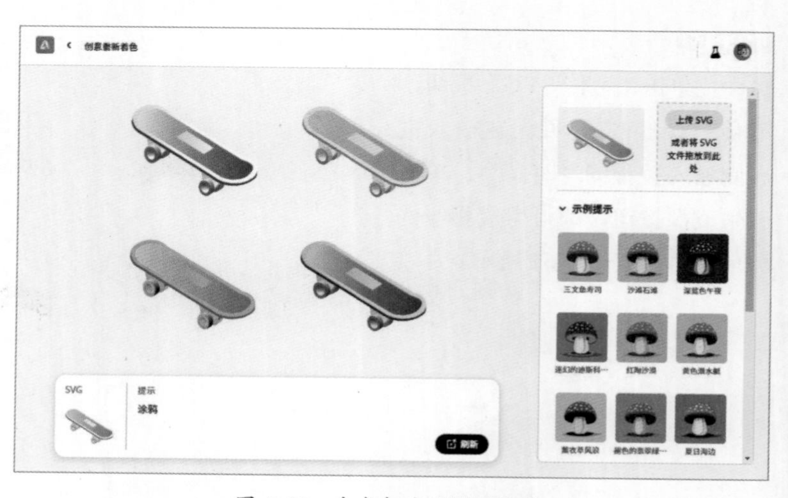


图 5-65 生成相应的图形颜色

STEP 02 在页面右侧的“示例提示”选项区中，选择“迷幻的迪斯科舞厅灯光”样式，单击“生成”按钮，即可将矢量图形更改为“迷幻的迪斯科舞厅灯光”色调，如图 5-66 所示。

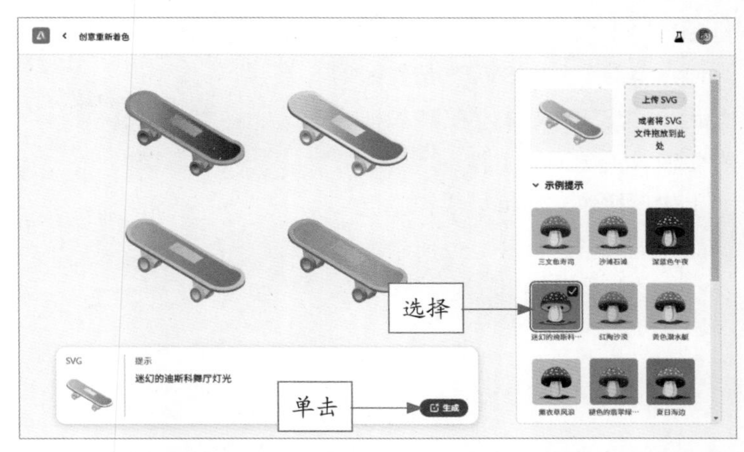


图 5-66　将矢量图形更改为“迷幻的迪斯科舞厅灯光”色调

STEP 03 在页面右侧的“颜色调和”列表框中选择“互补色”选项，在下方单击天蓝色色块，表示为图形生成天蓝色的互补色，如图 5-67 所示。

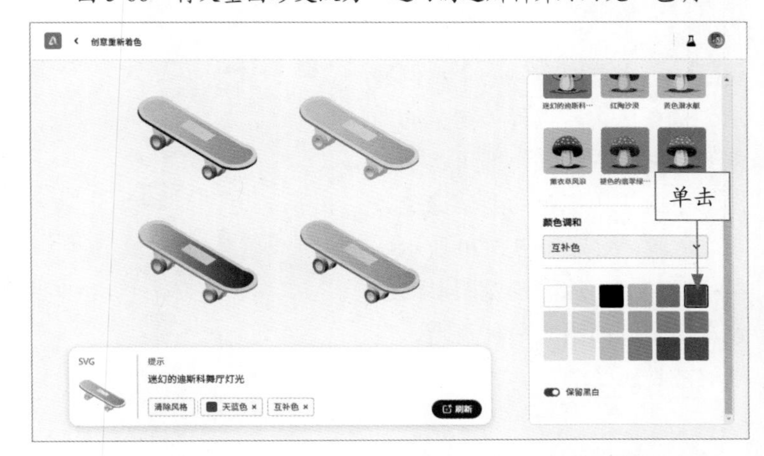


图 5-67　为图形生成天蓝色的互补色

## 5.4.9　盆景图形重新着色

用户可以使用 Firefly 对盆景图形进行重新着色，以改变植物的颜色，增强图片的视觉吸引力和美感。盆景图形的重新着色效果如图 5-68 所示。为盆景图形重新着色的具体操作方法如下。

扫码看视频

图 5-68　盆景图形的重新着色效果

STEP 01 进入“创意重新着色”页面，单击“上传 SVG”按钮，上传一个 SVG 文件。在输入框右侧输入关键词“植物”，单击“生成”按钮，即可生成相应色调的矢量图形，如图 5-69 所示。

图 5-69　生成相应色调的矢量图形

STEP 02 在页面右侧的“示例提示”选项区中，选择“褪色的翡翠绿色城市”样式，即可将矢量图形更改为“褪色的翡翠绿色城市”色调，效果如图 5-70 所示。执行操作后，放大预览图形的颜色，整个画面给人一种清晰、自然的视觉感受。

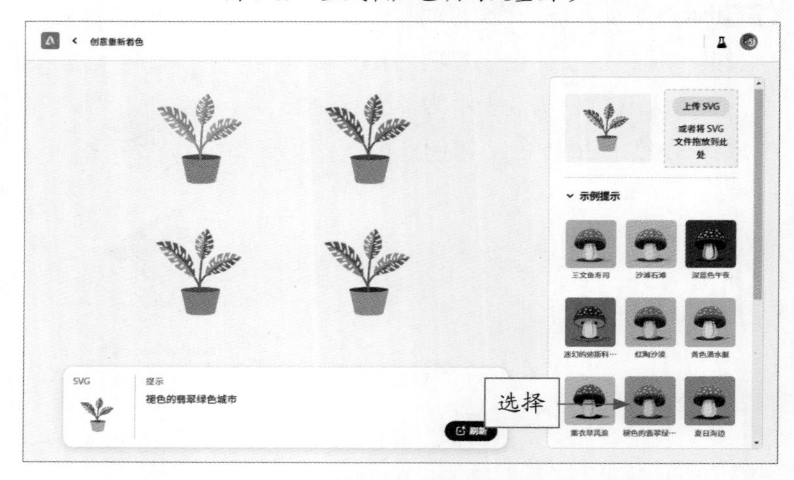


图 5-70　将矢量图形更改为“褪色的翡翠绿色城市”色调

## 5.4.10　拖鞋图形重新着色

用户可以使用 Firefly 对拖鞋图形进行重新着色，可以根据自己的喜好和风格，选择自己喜欢的颜色，创造出独一无二的拖鞋设计。拖鞋图形的重新着色效果如图 5-71 所示。为拖鞋图形重新着色的具体操作方法如下。

扫码看视频

图 5-71　拖鞋图形的重新着色效果

STEP 01 进入“创意重新着色”页面，单击“上传 SVG”按钮，上传一个 SVG 文件。在输入框右侧输入关键词“清爽”，单击“生成”按钮，即可生成相应的图形颜色，如图 5-72 所示。

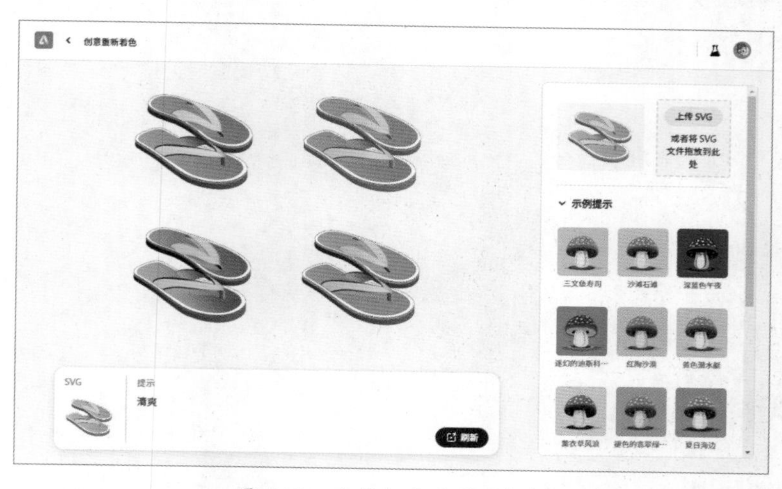

图 5-72　生成相应的图形颜色

STEP 02 在页面右侧的“示例提示”选项区中，选择“夏日海边”样式，将矢量图形更改为“夏日海边”色调，如图 5-73 所示。

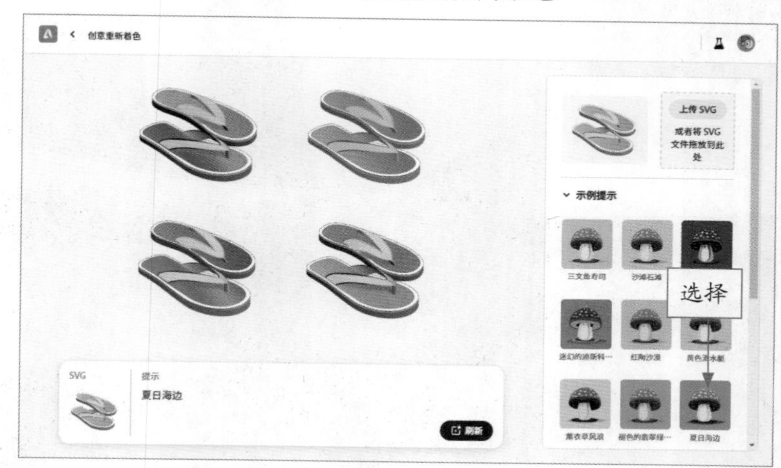


图 5-73　将矢量图形更改为“夏日海边”色调

STEP 03 在页面右侧的“颜色调和”列表框中选择“互补色”选项，在下方单击浅莱姆绿色块，表示为图形生成浅莱姆绿的互补色，如图 5-74 所示。执行操作后，即可对拖鞋图形进行重新着色。

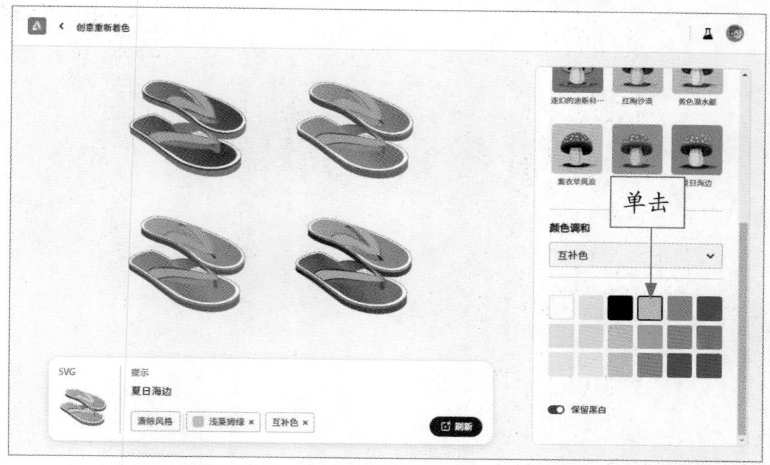


图 5-74　为图形生成浅莱姆绿的互补色

# 第6章 综合案例：《商务皮包》

## 章前知识导读

Firefly 可以通过文字快速生成风格多样的图像效果。本章以商务皮包为例，讲解 Firefly 以文生图的相关技巧，帮助大家快速用文字画出你的想象。

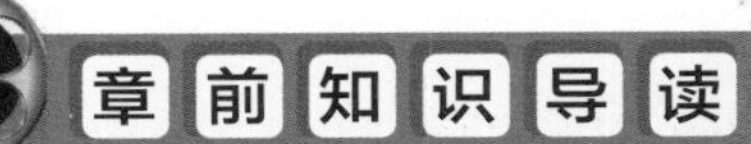

## 新手重点索引

- 《商务皮包》效果展示
- 《商务皮包》制作步骤

## 效果图片欣赏

## 6.1 《商务皮包》效果展示

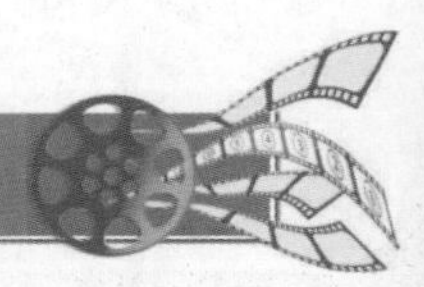

商务皮包是一种设计简洁、款式经典的皮革制品，它通常用于在商务场合携带文件、笔记本电脑、文件夹等物品。这种皮包一般由高质量的皮革制成，有时也可能采用其他材料，如人造皮革或帆布等。

在制作《商务皮包》图片之前，首先来欣赏本实例的图片效果，并了解本实例的学习目标、制作思路、知识讲解和要点讲堂。

### 6.1.1 效果欣赏

《商务皮包》图片效果如图 6-1 所示。

图 6-1 《商务皮包》图片效果

### 6.1.2 学习目标

| 知识目标 | 掌握《商务皮包》的生成方法 |
|---|---|
| 技能目标 | （1）掌握用关键词生成效果图的方法<br>（2）掌握设置图片效果为照片模式的方法<br>（3）掌握用数字艺术风格处理图片的方法<br>（4）掌握放大预览并保存图片的方法<br>（5）掌握使用“创意填充”添加钥匙扣的方法 |
| 本章重点 | 掌握 Firefly 中以文生图的使用方法 |
| 本章难点 | 掌握使用“创意填充”给图片添加元素的方法 |

### 6.1.3 制作思路

本案例首先介绍在 Firefly 中使用“文字生成图像”功能生成商务皮包效果图，将图片设置为照片模式；然后为图片添加数字艺术风格，将图片进行保存；最后使用“创意填充”功能为图片添加细节。图 6-2 所示为本案例的制作思路。

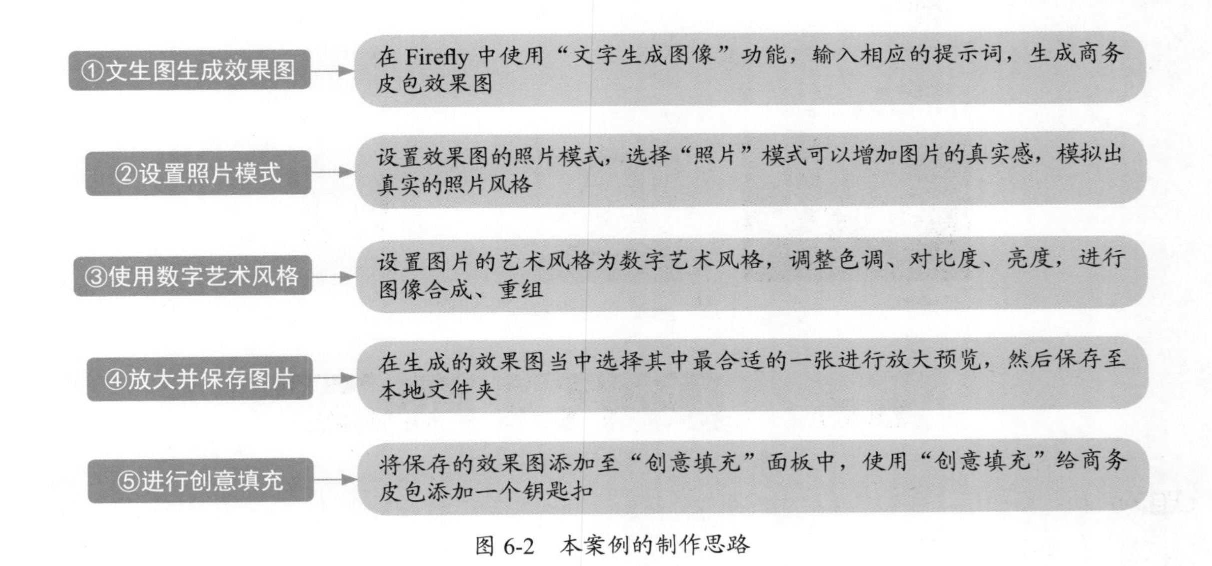


图 6-2　本案例的制作思路

### 6.1.4　知识讲解

商务皮包通常是商务人士日常工作中重要的用品之一，以其实用性、高品质和专业外观而受到广泛欢迎。商务皮包通常采用高质量的皮革或其他耐用材料制成，因此在生成商务皮包图片时可以选择一些关于材质的关键词，以便生成效果更好的图片。

### 6.1.5　要点讲堂

在 Adobe Firefly 中，“文字生成图像”的主要功能是通过输入详细的文本描述可以生成各种需要的图像画面；只需输入相应的中文描述，即可快速生成一幅符合描述的图像画面。在生成效果图时尽量选择符合效果目标的关键词，这样可以提高出图效率。

## 6.2　《商务皮包》制作步骤

在使用 AI 模型生成图像时，首先要描述画面主体，即用户需要画一个什么样的东西，要把画面的主体内容讲清楚，通过文字描述的形式，将文字转化为图像并展示出来。本节通过使用 Firefly 制作商务皮包图片，让用户对 AI 绘画的操作方法更加了解。

### 6.2.1　文生图生成效果图

在生成《商务皮包》之前，首先使用 Firefly 中的“文字生成图像”功能快速生成最基本的效果图。下面介绍使用 Firefly 中的“文字生成图像”功能生成《商务皮包》效果图的操作方法。

扫码看视频

STEP 01 进入 Adobe Firefly 主页，在“文字生成图像”选项区中单击“生成”按钮，如图 6-3 所示。

图 6-3　单击“生成”按钮（1）

STEP 02 执行操作后，进入“文字生成图像”页面，在输入框中输入关键词“一个皮包，商务，真实的照片”，单击“生成”按钮，如图 6-4 所示。

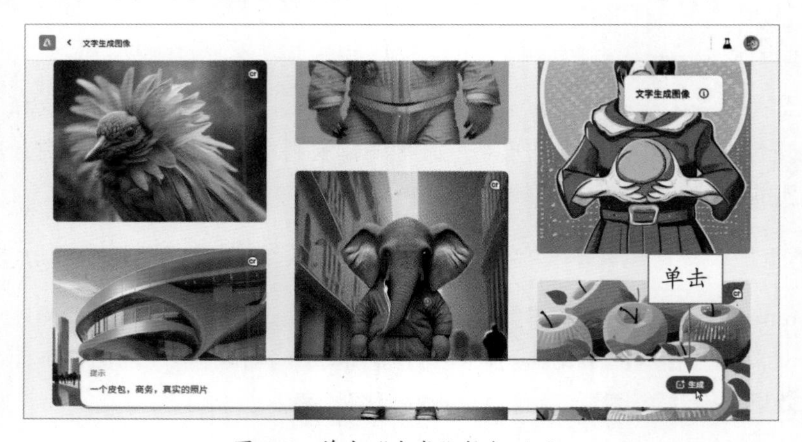


图 6-4　单击“生成”按钮（2）

STEP 03 执行操作后，Firefly 将根据关键词自动生成 4 张皮包的图片，如图 6-5 所示。

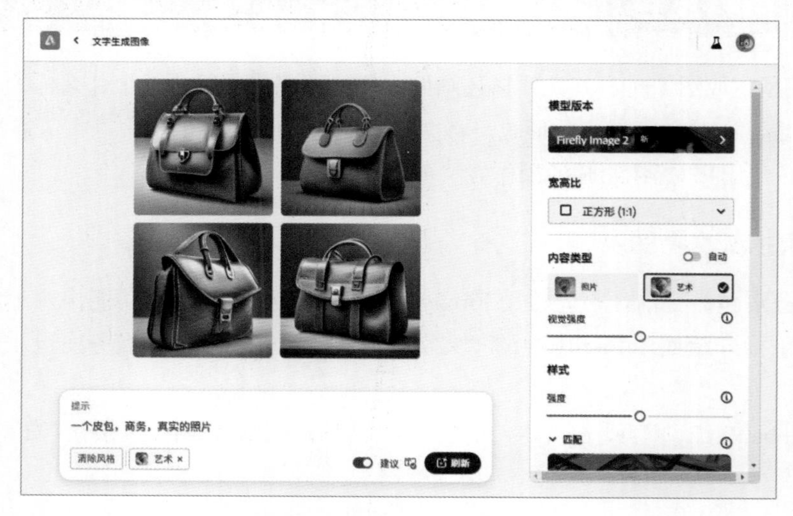


图 6-5　生成 4 张皮包的图片

STEP 04 在页面右侧设置“宽高比”为“横向（4:3）”，然后单击“生成”按钮，即可重新生成 4 张宽高比为 4:3 的图片，效果如图 6-6 所示。

图 6-6　重新生成 4 张宽高比为 4:3 的图片

**专家指点**

设置图片的宽高比可以对视觉效果和用户体验产生不同的影响，特定的宽高比可以创造出更加优秀的视觉效果。如何选择合适的宽高比取决于具体的设计目标和用户体验需求，考虑到内容、展示环境以及所要传达的信息，选择最佳比例能够为观众提供更好的视觉体验和信息传递效果。

## 6.2.2　设置照片模式

在 Firefly 中，照片模式可以模拟出真实的照片风格，就像摄影师拍摄出来的照片效果一样逼真。下面介绍设置图像为照片模式的操作方法。

扫码看视频

STEP 01 在页面右侧的“内容类型”选项区中，单击“照片”按钮，如图 6-7 所示。

图 6-7　单击“照片”按钮

STEP 02 执行操作后，单击“生成”按钮，即可以照片模式显示图片效果，如图 6-8 所示。这种模式使图片显得更加真实，使图片效果更加突出。

图 6-8　以照片模式显示图片效果

▶ 专家指点

在 AI 绘图中，生成商务皮包的关键词还有：专业皮包（Professional Leather Bag）、皮革（Leather）、耐用商务包（Durable Business Bag）、多功能设计（Multifunctional Design）、商务风格（Business Style）、精致细节（Exquisite Details）。

## 6.2.3　使用数字艺术风格

数字艺术风格是一种将数字技术与艺术创作相结合的风格，这种风格可以使生成的商务皮包更具有艺术感。下面介绍用数字艺术风格处理图片的操作方法。

扫码看视频

STEP 01 在“效果”选项区的“热门”选项卡中，选择“数字艺术”选项，如图 6-9 所示。

图 6-9　选择“数字艺术”选项

STEP 02 执行操作后，单击“生成”按钮，如图 6-10 所示。

图 6-10　单击“生成”按钮

STEP 03 执行操作后，即可生成“数字艺术”风格的图片效果，如图 6-11 所示。

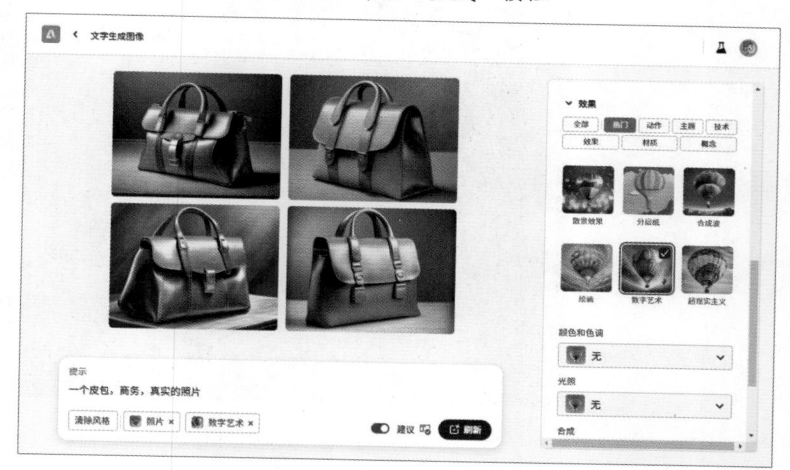


图 6-11　生成“数字艺术”风格的图片效果

STEP 04 如果用户对生成的图片效果不满意，可以单击页面下方的“刷新”按钮，执行操作后，即可重新生成 4 张商务皮包效果图，如图 6-12 所示。

图 6-12　重新生成 4 张商务皮包效果图

**专家指点**

在进行刷新操作重新生成图片时，可能有些时候效果提升得并不明显，这时候用户可以通过选择再次进行刷新或是更换关键词来获得更好的图片效果；也可以使用其他不同的效果样式，使样式与图片的适配度更高，这样生成的效果也会更好。

## 6.2.4 放大并保存图片

扫码看视频

当我们生成满意的商务皮包图片后，接下来可以放大预览图片效果，并对图片进行下载操作，将其保存到计算机中，具体操作步骤如下。

**STEP 01** 在生成的 4 张图片中选择最合适的一张，例如选择第 2 排的第 2 张图片，单击该图片预览大图效果，如图 6-13 所示。

图 6-13　预览大图效果

**STEP 02** 执行操作后，单击图片右上角的“更多选项”按钮，在弹出的下拉菜单中选择“下载”命令，如图 6-14 所示。

图 6-14　选择“下载”选项

**STEP 03** 执行操作后，即可开始下载图片，如图 6-15 所示。

> **专家指点**
>
> 需要注意的是，在没有 Firefly 会员或是积分使用完的情况下，进行保存操作后的图像会带有 Firefly 的水印。

图 6-15　开始下载图片

**STEP 04** 待图片下载完成后，在文件夹中即可查看下载的文件效果，如图 6-16 所示。

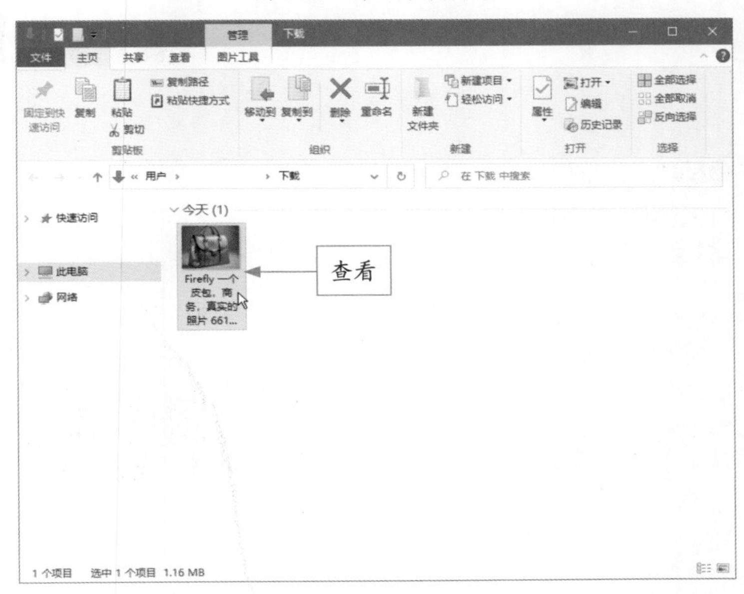


图 6-16　查看下载的文件效果

**STEP 05** 在文件上双击鼠标左键，即可查看保存后的效果图，如图 6-17 所示。

图 6-17　查看保存后的效果图

## 6.2.5 给包添加钥匙扣

扫码看视频

使用“创意填充”功能可以给商务皮包添加细节，例如在包上添加一个钥匙扣，使图片的细节更加丰富，具体操作方法如下。

STEP 01 进入 Adobe Firefly 主页，在“创意填充”选项区中单击“生成”按钮，如图 6-18 所示。

图 6-18 单击“生成”按钮

STEP 02 执行操作后，进入“创意填充”页面，单击“上传图像”按钮，如图 6-19 所示。

图 6-19 单击“上传图像”按钮

STEP 03 弹出“打开”对话框，选择上一例保存的素材图像，如图 6-20 所示。

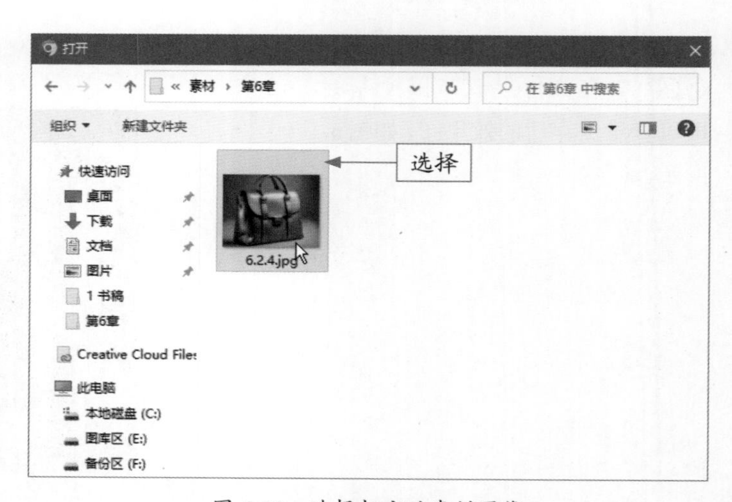


图 6-20 选择相应的素材图像

STEP 04 单击“打开”按钮，即可上传素材图像并进入“创意填充”编辑页面，如图 6-21 所示。

STEP 05 在页面下方选择“添加”画笔工具，在图像上进行涂抹，如图 6-22 所示，涂抹的区域呈透明状态显示。

图 6-21　上传素材图像

图 6-22　涂抹图像

STEP 06 在页面下方输入关键词“钥匙扣”，单击“生成”按钮，如图 6-23 所示。

STEP 07 执行操作后，即可在涂抹的透明区域中生成一个钥匙扣图像，效果如图 6-24 所示。

图 6-23　单击“生成”按钮

图 6-24　生成钥匙扣图像效果

STEP 08 单击“更多”按钮，可以重新生成钥匙扣图像，在其中选择最合适的一个，例如选择第 1 个图像效果，如图 6-25 所示。

STEP 09 执行操作后，单击“保留”按钮，即可应用生成的图像，如图 6-26 所示。

图 6-25　选择第 1 个钥匙扣图像效果

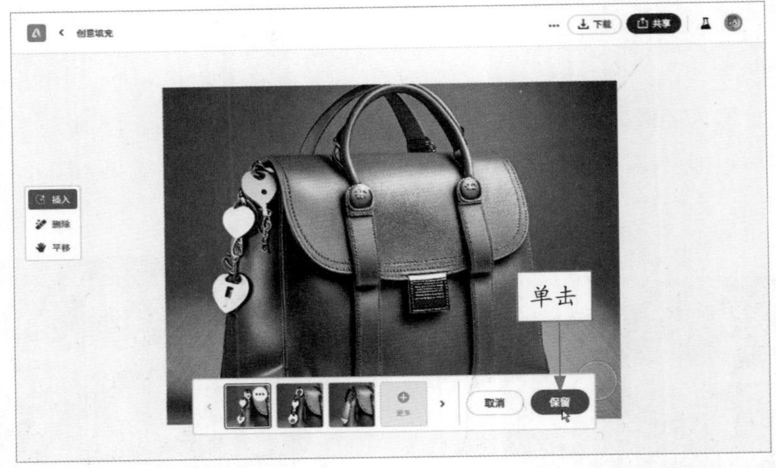

图 6-26　应用生成的图像

# 第7章 综合案例：《儿童插画》

## 章前知识导读

对于出版商、教育机构等需要大量插画的机构来说，AI 生成的插画可以简化流程和降低成本。本章以儿童插画为例，讲解 Firefly 文生图的相关技巧，帮助大家对 Firefly 的功能更加熟悉。

## 新手重点索引

- 《儿童插画》效果展示
- 《儿童插画》制作步骤

## 效果图片欣赏

# 7.1 《儿童插画》效果展示

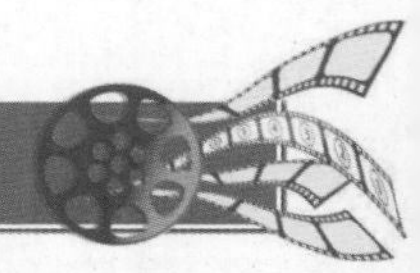

儿童插画是专门为儿童读者而创作的插图艺术形式。这种艺术形式的目的是通过图像来传达故事、概念或情感；与文字结合，吸引儿童的注意力并提高他们的阅读能力、想象力和理解能力。儿童插画通常与故事书、绘本或其他文字内容结合，相辅相成，以帮助儿童更好地理解故事情节。

在制作《儿童插画》图片之前，首先来欣赏本实例的图片效果，并了解本实例的学习目标、制作思路、知识讲解和要点讲堂。

## 7.1.1 效果欣赏

《儿童插画》图片效果如图 7-1 所示。

图 7-1 《儿童插画》图片效果

## 7.1.2 学习目标

| 知识目标 | 掌握《儿童插画》的生成方法 |
| --- | --- |
| 技能目标 | （1）掌握用关键词生成效果图的方法<br>（2）掌握设置图像尺寸与类型的方法<br>（3）掌握应用科幻风格处理图片的方法<br>（4）掌握应用冷色调色彩风格的方法<br>（5）掌握放大预览并保存图片的方法<br>（6）给图像添加卡通小狗 |
| 本章重点 | 掌握 Firefly 中以文生图的使用方法 |
| 本章难点 | 掌握在 Firefly 中应用色彩风格的方法 |

## 7.1.3 制作思路

本案例首先介绍在 Firefly 中使用“文字生成图像”功能生成《儿童插画》效果图；接着调整图像的尺寸和内容类型；然后为图片应用科幻风格与冷色调的色彩风格，以及将图片进行保存；最后使用“创意填充”功能为图片添加一只卡通小狗。图 7-2 所示为本案例的制作思路。

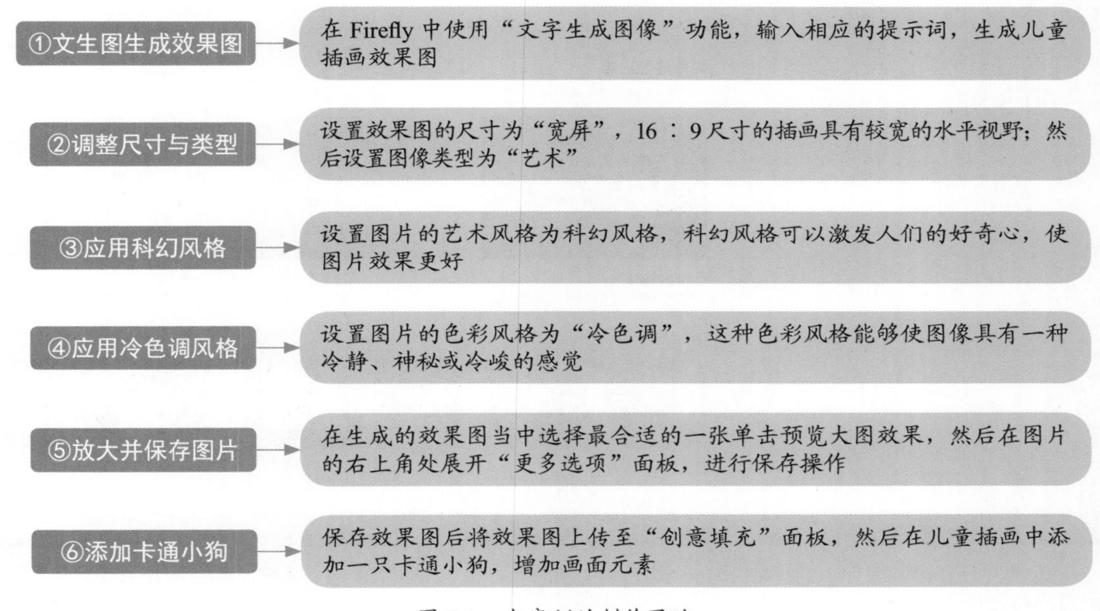


图 7-2　本案例的制作思路

### 7.1.4　知识讲解

儿童插画广泛应用于书籍、杂志、绘本等印刷品中，可以通过图像来讲述故事或传达信息。本章主要介绍用关键词生成插画图片、调整图像的尺寸与类型、应用科幻风格处理图片、应用冷色调的色彩风格等内容。

### 7.1.5　要点讲堂

在 Adobe Firefly 中，“创意填充”功能是指使用 AI 技术来自动生成、填充或完善绘画作品的过程，该功能可以用于添加细节或纹理、改善色彩和构图等。使用“创意填充”功能可以对绘画区域进行编辑，添加图像元素使画面更加丰富。

## 7.2　《儿童插画》制作步骤

儿童插画通常要求色彩丰富、明亮，并具有吸引力。选择饱和度高、色彩明亮以及引人注目的图案和元素，有助于吸引儿童的注意力和提高他们的阅读兴趣。本节通过使用 Firefly 制作儿童插画图片，让用户对 AI 绘画的操作方法更加了解。

### 7.2.1　用关键词生成插画图片

下面介绍用关键词“童话故事插画，花园，可爱的风格，小清新画面”生成插画图片的方法，具体操作步骤如下。

扫码看视频

STEP 01 进入 Adobe Firefly 主页，在“文字生成图像”选项区中单击“生成”按钮，如图 7-3 所示。

图 7-3　单击“生成”按钮（1）

**专家指点**

在使用 Firefly 创作儿童插画时，我们可以选择适合儿童的鲜艳、明亮的色彩，以增加插画的视觉吸引力。色彩选择应当愉悦、温暖，有利于吸引孩子的注意力，采用简单、清晰的线条和图像构图，以便年幼的读者或观众能够轻松理解和辨认。

尽量保持良好的审美，同时也要发挥创意，使插画更具吸引力和独特性，通过生动的图像和情节，激发儿童的想象力和探索欲望，鼓励他们主动参与和思考。儿童插画有时可以包含教育性质的元素，如数字、颜色、字母等，同时也可以通过表现友谊、团队合作、接纳差异等主题来启发儿童。

简单的设计通常更适合儿童插画，因为它们更易于理解和记忆，能够保持图像简洁明了，并能够避免过多复杂的细节。

STEP 02 执行操作后，进入“文字生成图像”页面，输入相应关键词，然后单击“生成”按钮，如图 7-4 所示。

图 7-4　单击“生成”按钮（2）

**STEP 03** 执行操作后，Firefly 将根据关键词自动生成 4 张插画图片，效果如图 7-5 所示。

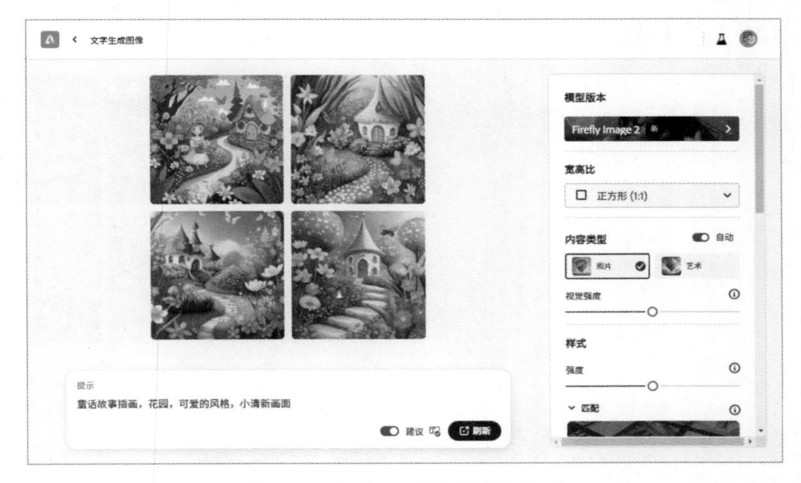

图 7-5　生成 4 张插画图片效果

**专家指点**

在 AI 绘图中，生成插画图片的关键词有以下这些。

（1）自然风景：森林、湖泊、山脉、日出、日落、河流、草原。

（2）奇幻世界：魔法森林、龙、精灵、城堡、魔法塔。

（3）科幻场景：外星风景、宇宙飞船、星系、未来城市、机器人。

（4）动物友谊：猫狗相处、动物园、森林中的动物、海洋生物。

（5）城市生活：街头艺术、咖啡馆、市中心景象、人群。

（6）历史场景：古代战争、文化名胜、历史人物。

（7）童话故事：灰姑娘、小红帽、长发公主、睡美人。

## 7.2.2　调整图像的尺寸与类型

根据图片的主题来设置图片的宽高比，如将插画调为 16:9 的宽屏图片，这种比例的插画可以为读者提供更丰富的视觉体验，提升读者的观感。下面介绍调整图像尺寸与类型的操作方法。

扫码看视频

**STEP 01** 在“文字生成图像”页面的右侧，单击“宽高比”右侧的下拉按钮，在弹出的列表框中选择“宽屏（16:9）”选项，如图 7-6 所示。

图 7-6　选择“宽屏（16:9）”选项

**STEP 02** 执行操作后，单击“生成”按钮，即可将图片比例调为16:9，效果如图7-7所示。

图 7-7　将图片调为16:9的比例效果

**STEP 03** 在“内容类型”选项区中，单击“艺术”按钮，如图7-8所示。

图 7-8　单击“艺术”按钮

**STEP 04** 执行操作后，单击“生成”按钮，即可以“艺术”模式重新生成儿童插画效果，如图7-9所示。可以适当提高视觉强度以使画面效果更好。

图 7-9　以“艺术”模式重新生成儿童插画效果

## 7.2.3　应用科幻风格处理图片

扫码看视频

科幻风格的儿童插画常常展现出奇幻和梦幻的想象力，通过创造性的场景和元素来激发儿童的探索欲望，应用科幻风格可以使儿童插画显得夸张、引人注目和与众不同。下面介绍使用科幻风格处理图片的操作方法。

**STEP 01** 在“效果”选项区的“动作”选项卡中，选择“科幻”选项，单击“生成”按钮，如图 7-10 所示。

图 7-10　单击“生成”按钮

> **专家指点**
>
> 用科幻风格经常能创造出奇幻的场景和构图效果，其运用透视、对称、尺度变换等技巧，可创造出宏大、神秘和超现实的图像。

**STEP 02** 执行操作后，即可应用科幻风格处理图片，图片中创造出了超自然的森林形象，增加了插画的科幻感，效果如图 7-11 所示。

图 7-11　增加了插画的科幻感效果

## 7.2.4　应用冷色调的色彩风格

扫码看视频

“冷色调”的风格是指照片中的色调偏向于冷色的色彩，如蓝色、绿色、紫色等，这种风格通常能够给图像带来一种冷静、神秘或冷峻的感觉。下面介绍使用“冷色调”处理儿童插画图片的操作方法。

**STEP 01** 在页面右侧的“颜色和色调”列表框中，选择“冷色调”选项，如图 7-12 所示，然后单击“生成”按钮。

图 7-12　选择“冷色调”选项

**STEP 02** 执行操作后，即可生成冷色调风格的插画图片，效果如图 7-13 所示。

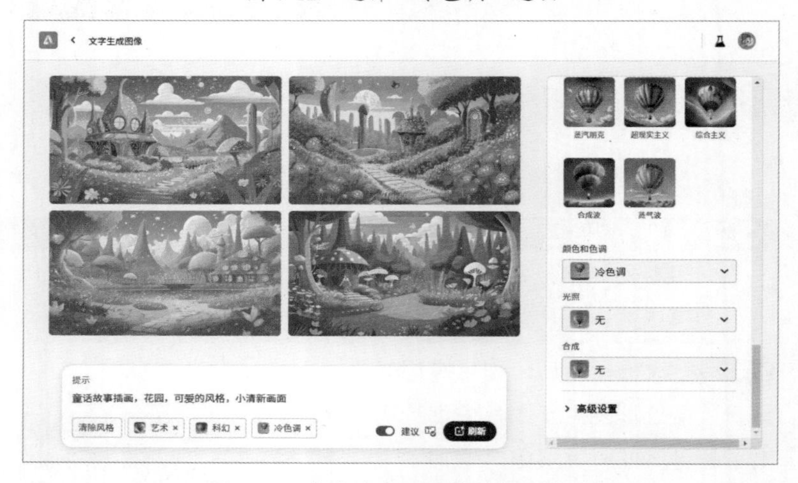


图 7-13　生成冷色调风格的插画图片

**STEP 03** 在“光照”列表框中，选择“戏剧化灯光”选项，如图 7-14 所示，然后单击“生成”按钮。

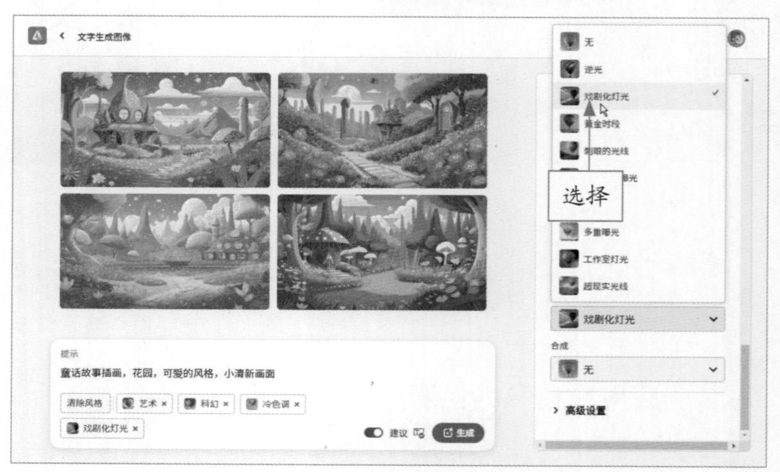


图 7-14　选择“戏剧化灯光”选项

**STEP 04** 执行操作后，即可生成戏剧化灯光风格的插画图片，效果如图 7-15 所示。

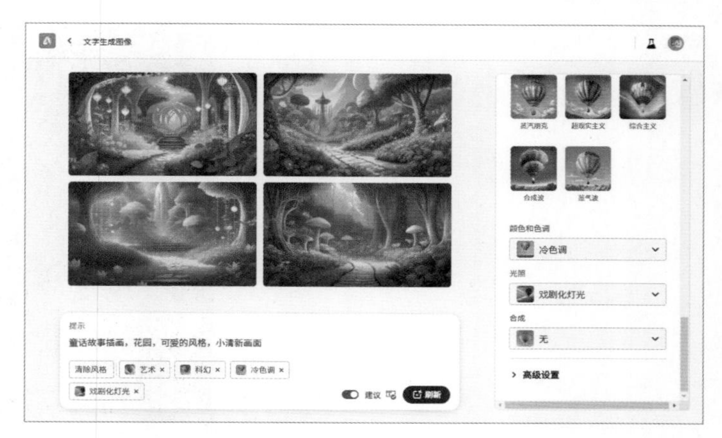


图 7-15　生成戏剧化灯光风格的插画图片

**STEP 05** 单击第 1 排第 2 张图片，即可放大预览儿童插画效果，如图 7-16 所示。

图 7-16　放大预览儿童插画效果

扫码看视频

## 7.2.5　放大预览并保存图片

将插画应用了色彩风格后，单击效果图进行放大并下载，将其保存至本地文件夹中，具体操作步骤如下。

**STEP 01** 在放大预览效果图后，单击图片右上角的“更多选项”按钮，在弹出的下拉菜单中选择“下载”命令，如图 7-17 所示。

图 7-17　选择“下载”选项

STEP 02 执行操作后，即可开始下载图片，如图 7-18 所示。

图 7-18　开始下载图片

STEP 03 待图片下载完成后，即可在文件夹中找到下载的文件效果，如图 7-19 所示。

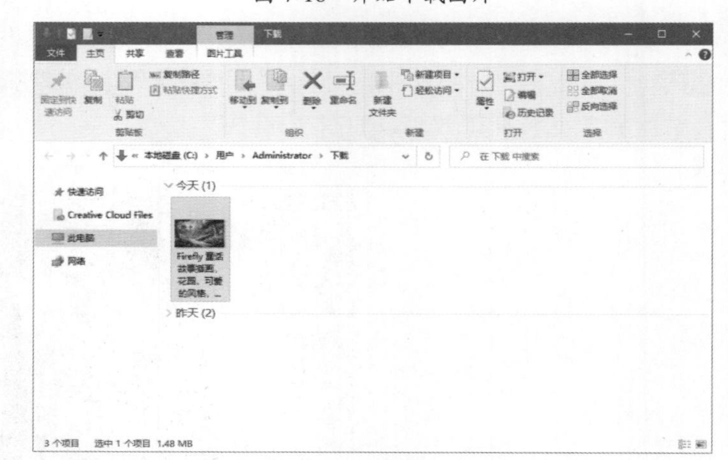


图 7-19　下载的文件效果

## 7.2.6　给图像添加卡通小狗

扫码看视频

使用“创意填充”功能给儿童插画添加画面元素，如在图中添加一只卡通小狗，以使画面效果更好。具体操作方法如下。

STEP 01 进入 Adobe Firefly 主页，在“创意填充”选项区中单击“生成”按钮，如图 7-20 所示。

图 7-20　单击“生成”按钮

STEP 02 执行操作后，进入“创意填充”页面，单击“上传图像”按钮，如图 7-21 所示。

图 7-21　单击“上传图像”按钮

STEP 03 弹出“打开”对话框，选择上一例保存的素材图像，如图 7-22 所示。

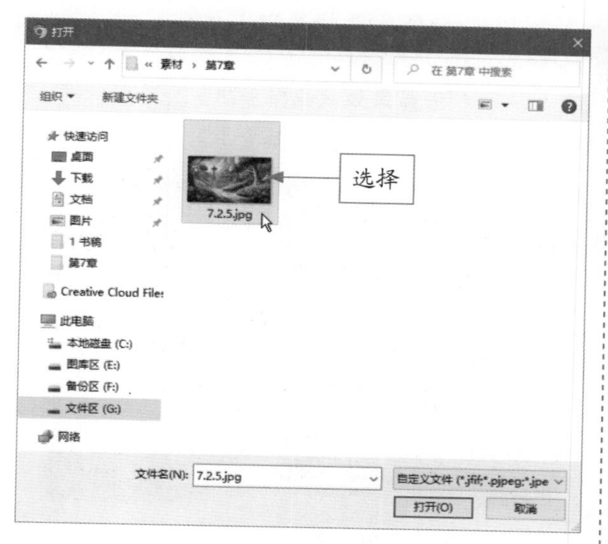


图 7-22　选择相应的素材图像

STEP 04 单击“打开”按钮，即可上传素材并进入“创意填充”编辑页面，如图 7-23 所示。

图 7-23　上传素材图像

STEP 05 在页面下方单击“添加”按钮，在图像上进行涂抹，如图 7-24 所示，涂抹的区域呈透明状态显示。

图 7-24　涂抹图像

STEP 06 在页面下方输入框中输入关键词“一只卡通小狗”，单击“生成”按钮，如图 7-25 所示。

STEP 07 执行操作后，即可在涂抹的透明区域中添加一个卡通小狗图像，效果如图 7-26 所示。

图 7-25　单击“生成”按钮

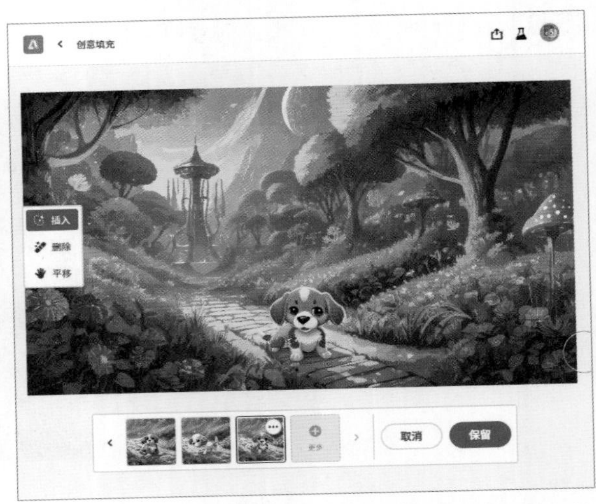


图 7-26　添加卡通小狗图像效果

**STEP 08** 单击“更多”按钮，可以重新生成图像，在其中选择合适的一个，例如选择第 1 个效果，如图 7-27 所示。

**STEP 09** 执行操作后，单击“保留”按钮，即可应用生成的图像，如图 7-28 所示。

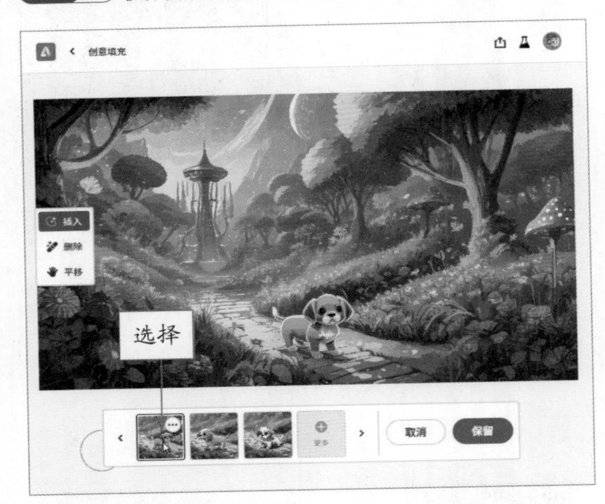


图 7-27　选择第 1 个卡通小狗图像效果

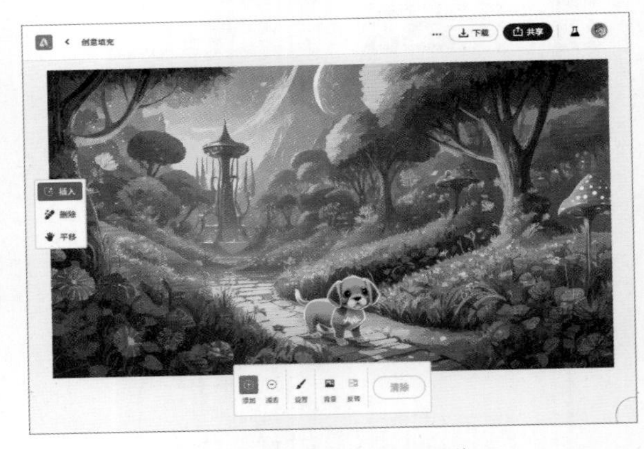


图 7-28　应用生成的图像

# 第8章 综合案例：《室内家装》

## 章前知识导读

室内家装图像应该清晰展示房间的布局和设计风格，同时需要考虑空间分配、家具摆放、装饰品等元素，确保布局合理且符合设计理念。使用 Firefly 可以快速生成室内家装图，本章主要介绍生成室内家装图的操作方法。

## 新手重点索引

- 《室内家装》效果展示
- 《室内家装》制作步骤

## 效果图片欣赏

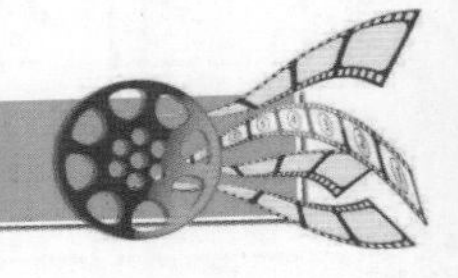

# 8.1 《室内家装》效果展示

室内家装是指对住宅内部空间进行设计和装饰，从而增强居住环境的美观性、舒适性和实用性，它包括对房屋内部的空间规划、家具布置、颜色选择、灯光设计等方面的处理，选择合适的装饰风格，并将设计理念贯穿于整个室内装饰中。

在制作《室内家装》图片之前，首先来欣赏本实例的图片效果，并了解本实例的学习目标、制作思路、知识讲解和要点讲堂。

## 8.1.1 效果欣赏

《室内家装》图片效果如图 8-1 所示。

图 8-1 《室内家装》图片效果

## 8.1.2 学习目标

| 知识目标 | 掌握《室内家装》的生成方法 |
| --- | --- |
| 技能目标 | （1）掌握用关键词生成效果图的方法<br>（2）掌握设置图像光照效果的方法<br>（3）掌握应用暖色调色彩风格的方法<br>（4）掌握设置画笔大小与硬度的方法<br>（5）掌握修复室内效果图中瑕疵的方法<br>（6）掌握在室内图像中绘制小动物的方法 |
| 本章重点 | 掌握 Firefly 中以文生图的使用方法 |
| 本章难点 | 掌握在室内图像中绘制小动物的方法 |

## 8.1.3 制作思路

本案例首先介绍在 Firefly 中使用“文字生成图像”功能生成《室内家装》效果图；接着设置图像的光照效果；然后为图片应用暖色调的色彩风格，以及将图片进行保存；最后使用“创意填充”功能修复效果图中的瑕疵并为图片添加一只小猫。图 8-2 所示为本案例的制作思路。

图 8-2　本案例的制作思路

### 8.1.4　知识讲解

《室内家装》通常是指家庭住宅装修装饰的简称，用户在生成《室内家装》效果图时需要注意，使用合适的关键词对家装进行描述效果会更好，这包括《室内家装》的色彩风格、光照效果，熟练掌握关键词的运用能够有效提高图像生成的效果质量。

### 8.1.5　要点讲堂

在 Adobe Firefly 中，用户可以根据图片上需要绘图的区域大小，设置画笔的大小与硬度属性，使画笔的大小贴合绘图的需要，这样可以提高绘图效率。例如调整画笔大小与硬度属性后在画面中的合适位置进行涂抹选取区域，然后对选取的区域进行重新生成。

## 8.2　《室内家装》制作步骤

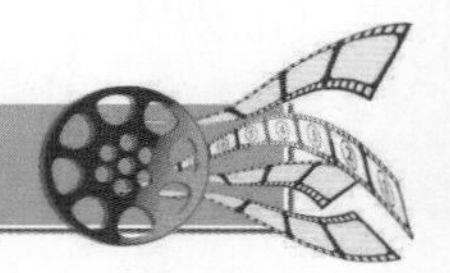

室内效果图在房地产营销中用于展示未来房屋、公寓、写字楼等的内部布局和装饰。本实例主要介绍用关键词生成室内效果图、设置图像光照效果、应用暖色调的色彩风格、设置画笔大小与硬度属性、修复室内效果图中的瑕疵以及在室内图像中绘制一只小猫等内容。

### 8.2.1　用关键词生成室内效果图

下面介绍用关键词“室内设计，客厅的透视图，带自然光的大窗户，浅色，植被，现代家具，现代极简主义设计”生成室内效果图的方法，具体操作步骤如下。

扫码看视频

**STEP 01** 进入 Adobe Firefly 主页，在“文字生成图像”选项区中单击“生成”按钮，进入“文字生成图像”页面，输入相应关键词，单击“生成”按钮，如图 8-3 所示。

图 8-3　单击“生成”按钮

**STEP 02** 执行操作后，Firefly 将根据关键词自动生成 4 张室内效果图，如图 8-4 所示。

图 8-4　自动生成 4 张室内效果图

**STEP 03** 在页面的右侧，单击“宽高比”右侧的下拉按钮，在弹出的列表框中选择“宽屏（16:9）”选项，如图 8-5 所示。

图 8-5　选择“宽屏（16:9）”选项

**STEP 04** 执行操作后，单击“生成”按钮，即可将图片的比例调为 16:9，效果如图 8-6 所示。

图 8-6　将图片调为 16:9 的比例效果

**STEP 05** 在“内容类型”选项区中，单击“照片”按钮，如图 8-7 所示。

图 8-7　单击“照片”按钮

**STEP 06** 执行操作后，单击“生成”按钮，即可以“照片”模式重新生成更加逼真的图片效果，如图 8-8 所示。

图 8-8　以“照片”模式重新生成图片效果

STEP 07 在“合成”列表框中，选择“广角”选项，如图 8-9 所示。

图 8-9　选择“广角”选项

STEP 08 执行操作后，单击“生成”按钮，Firefly 将重新生成 4 张广角的室内效果图，如图 8-10 所示。

图 8-10　重新生成 4 张广角的室内效果图

## 8.2.2　设置图像的光照效果

扫码看视频

黄金时段是指在日出或日落前后的短暂时间段，这段时间内的光线比较柔和、温暖，且呈现出金黄色的效果。在 Firefly 中，运用“黄金时段”样式可以为图片添加黄金时段的特殊光线，具体操作步骤如下。

STEP 01 在页面右侧的“光照”列表框中，选择“黄金时段”选项，如图 8-11 所示。

图 8-11　选择“黄金时段”选项

**专家指点**

黄金时段的光线是经过大气层散射和折射后的柔和光线，没有强烈的阴影和高对比度，这种柔和的光线可以让图像看起来更加温暖、柔美、令人愉悦。

**STEP 02** 执行操作后，单击“生成”按钮，即可重新生成黄金时段光线的图片效果，如图 8-12 所示，可以看出画面中的光线给图像带来了一种温馨、浪漫和梦幻的氛围。

图 8-12　生成黄金时段光线的图片效果

## 8.2.3　应用暖色调的色彩风格

扫码看视频

“暖色调”的风格是指照片中的色调偏向于温暖的色彩，如红色、橙色或黄色等，这种风格通常能够给画面带来一种温暖、柔和、亲切的感觉。下面介绍使用“暖色调”处理《室内家装》图片的操作方法。

**STEP 01** 在页面右侧的“颜色和色调”列表框中，选择“暖色调”选项，如图 8-13 所示。

图 8-13　选择“暖色调”选项

**STEP 02** 执行操作后，单击“生成”按钮，即可重新生成暖色调风格的图片效果，如图 8-14 所示。

图 8-14　生成暖色调风格的图片效果

STEP 03 单击第 1 排第 2 张图片，即可放大预览图片效果，如图 8-15 所示。

图 8-15 放大预览图片效果

STEP 04 在放大预览效果图后，单击图片右上角的“更多选项”按钮，在弹出的下拉菜单中选择“下载”命令，如图 8-16 所示。

图 8-16 选择“下载”选项

STEP 05 执行操作后，即可开始下载图片，如图 8-17 所示。

图 8-17 开始下载图片

STEP 06 待图片下载完成后，即可在文件夹中找到下载的文件效果，如图 8-18 所示。

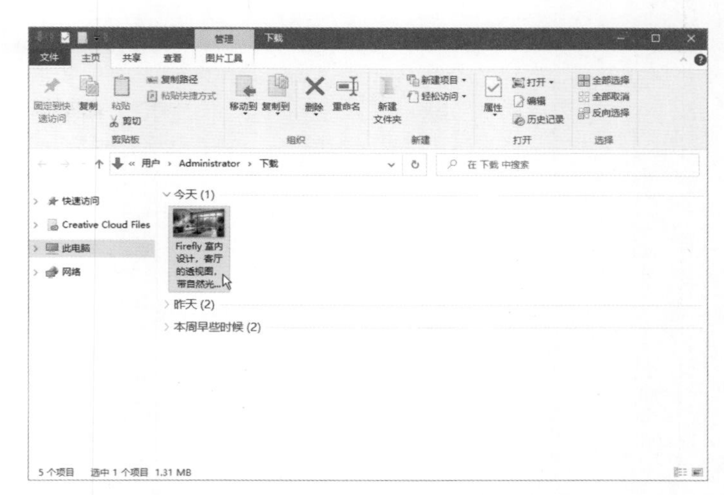


图 8-18　下载的文件效果

## 8.2.4　设置画笔大小与硬度属性

扫码看视频

在使用“创意填充”功能绘制新图像之前，首先需要上传图像并设置画笔的属性，使画笔的大小和硬度贴合绘图的需要，具体操作步骤如下。

STEP 01 进入 Adobe Firefly 主页，在“创意填充”选项区中单击“生成”按钮，如图 8-19 所示。

图 8-19　单击“生成”按钮

STEP 02 执行操作后，进入“创意填充”页面，单击“上传图像”按钮，如图 8-20 所示。

图 8-20　单击“上传图像”按钮

STEP 03 弹出“打开”对话框，选择上一节生成并处理好的室内效果图，如图 8-21 所示。

图 8-21　选择上一节的室内效果图

STEP 04 单击“打开”按钮，即可上传素材图片并进入“创意填充”编辑页面，如图 8-22 所示。

图 8-22　上传素材图片并进入“创意填充”编辑页面

STEP 05 单击“设置”按钮，弹出列表框，拖曳“画笔大小”下方的滑块，直至参数显示为 15%，如图 8-23 所示，将画笔调小。

STEP 06 拖曳“画笔硬度”下方的滑块，直至参数显示为 40%，如图 8-24 所示，调整画笔的柔软程度。

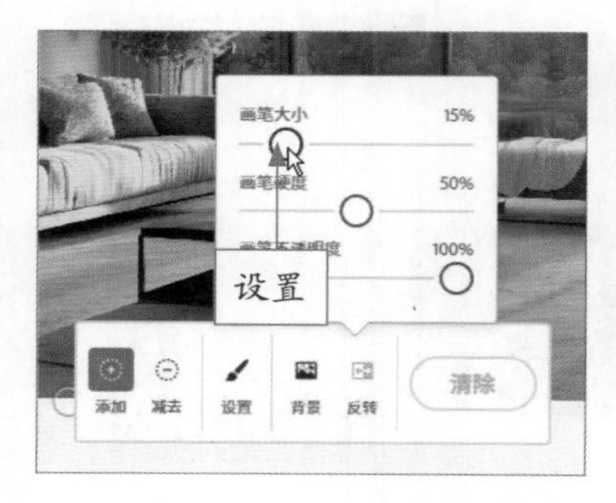


图 8-23　设置画笔大小

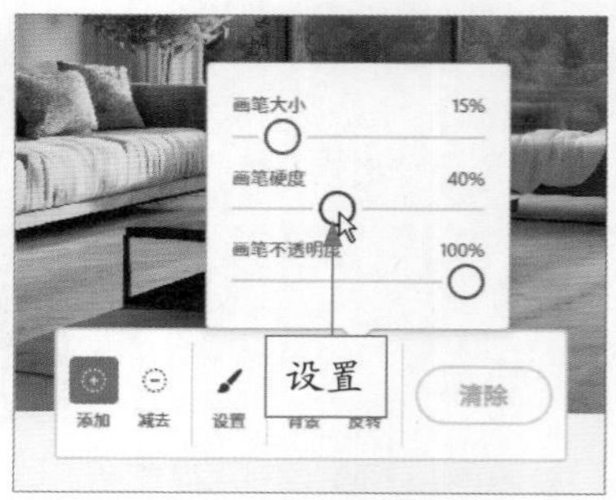


图 8-24　设置画笔硬度

**专家指点**

较高的画笔硬度表示笔刷边缘更加锐利，绘制出来的透明区域比较生硬；较低的画笔硬度则表示笔刷边缘更加柔和。

## 8.2.5　修复室内效果图中的瑕疵

扫码看视频

画笔硬度的调整会影响笔触的特性和最终生成的图像效果，当用户设置好画笔的大小与硬度后，接下来即可使用“添加”画笔工具在图像上进行适当涂抹，修复室内效果图中的瑕疵，具体操作步骤如下。

**STEP 01** 在页面下方选择“添加”画笔工具，在室内效果图中的桌子区域进行适当涂抹，如图 8-25 所示，涂抹的区域呈透明状态显示。

图 8-25　涂抹桌子区域

**STEP 02** 执行操作后，单击“生成”按钮，如图 8-26 所示。

图 8-26　单击“生成”按钮

**STEP 03** 执行操作后，Firefly 将对涂抹的区域进行重新绘图，效果如图 8-27 所示。

图 8-27　对涂抹的区域进行重新绘图

STEP 04 在工具栏中可以选择不同的图像效果，如选择第1个图像效果，单击“保留”按钮，如图8-28所示。

图8-28 单击“保留”按钮

STEP 05 执行操作后，即可应用生成的图像效果。用同样的方法，运用“添加”画笔工具再次对图像进行修复处理，效果如图8-29所示。

> **专家指点**
>
> 在“创意填充”编辑页面中，当涂抹的区域过大时，可以运用“减去”画笔工具⊖进行涂抹，从而减去多余的透明区域。

图8-29 对图像进行修复处理的效果

## 8.2.6 在室内图像中绘制小动物

在室内效果图中的适当位置添加一个可爱的小动物，比如小猫、小狗或者小兔子等，可以引起观众的喜爱和共鸣。下面介绍在画面中生成可爱动物的操作方法。

STEP 01 在页面下方选择“添加”画笔工具，在图片中合适的位置进行涂抹，如图8-30所示，涂抹的区域呈透明状态显示。

图8-30 在合适的位置进行涂抹

STEP 02 执行操作后，在页面下方的关键词输入框中输入“一只小猫”，然后单击“生成”按钮，即可生成相应的小猫图像，效果如图 8-31 所示。

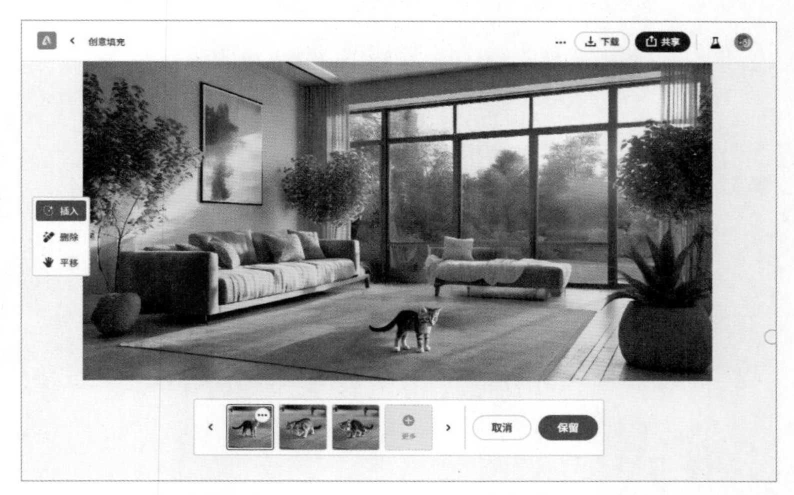


图 8-31 生成相应的小猫图像效果

STEP 03 如果用户对生成的图像效果不满意，可以单击页面下方的“更多”按钮，重新生成相应的图像效果，如图 8-32 所示。随后单击页面右上角的“下载”按钮，即可下载图片。

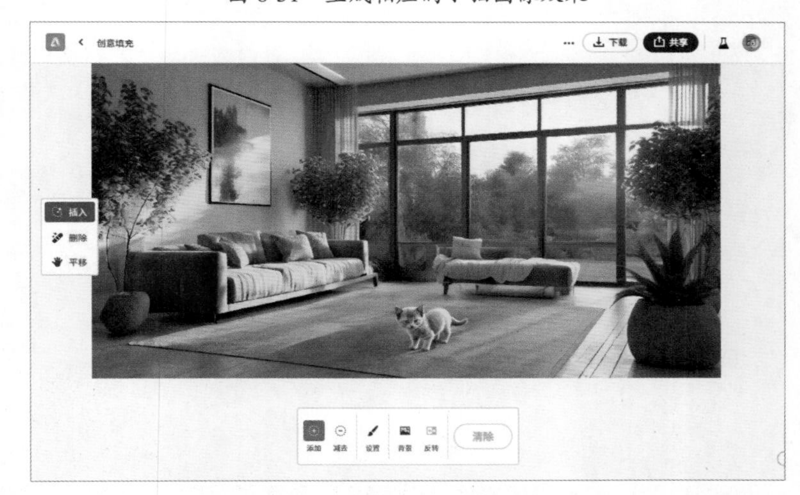


图 8-32 重新生成图像效果

**专家指点**

用户还可以在页面中单击“取消”按钮，取消绘图操作，然后再次使用“添加”画笔工具对图像进行适当涂抹，涂抹完成后单击“生成”按钮，重新绘图。

# 第9章

# 综合案例：《雪山风景》

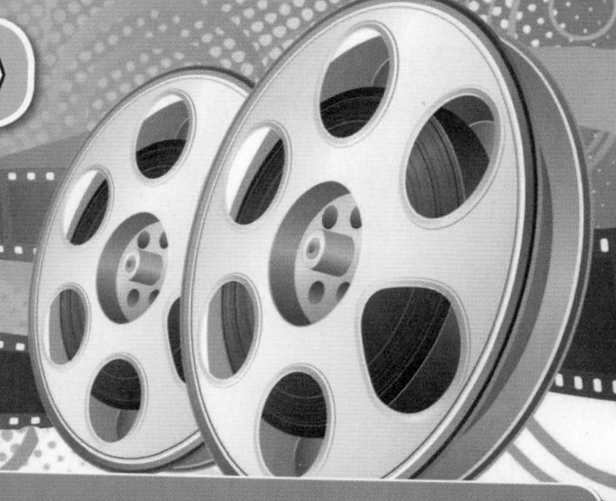

## 章前知识导读

AI 生成的图像通常具有高质量和逼真度高的特点，这些图像能够捕捉到真实摄影中的细节，呈现出与真实照片相近的效果。本章以雪山风景为例，继续向读者讲解 Firefly 中多种图片样式的应用技巧和文生图的相关操作。

## 新手重点索引

- 《雪山风景》效果展示
- 《雪山风景》制作步骤

## 效果图片欣赏

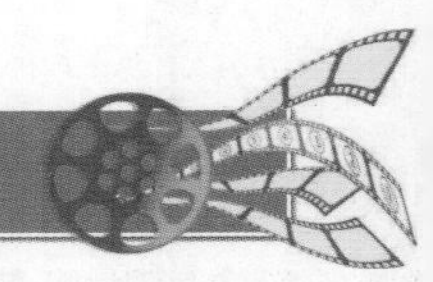

## 9.1 《雪山风景》效果展示

雪山风景指的是那些被雪覆盖或周围环绕着雪的山脉和山区景观。雪山风景可以在不同季节和地点展现出多样的美，从阳光下闪耀的雪峰到冬季的雪松和冰川，都呈现出独特的魅力，这样的景色也吸引着登山者、摄影师和自然爱好者前来探索和欣赏。

在制作《雪山风景》图片之前，首先来欣赏本实例的图片效果，并了解本实例的学习目标、制作思路、知识讲解和要点讲堂。

### 9.1.1 效果欣赏

《雪山风景》图片效果如图 9-1 所示。

图 9-1 《雪山风景》图片效果

### 9.1.2 学习目标

| | |
|---|---|
| 知识目标 | 掌握《雪山风景》的生成方法 |
| 技能目标 | （1）掌握用关键词生成效果图的方法<br>（2）掌握应用素雅颜色色彩效果的方法<br>（3）掌握设置图像光照效果的方法<br>（4）掌握应用明暗对比处理图片的方法<br>（5）掌握设置画笔属性的方法<br>（6）掌握更换雪山天空的方法<br>（7）掌握绘制群鸟与文字的方法 |
| 本章重点 | 掌握设置画笔属性的方法 |
| 本章难点 | 掌握绘制群鸟与文字的方法 |

### 9.1.3 制作思路

本案例首先介绍在 Firefly 中使用“文字生成图像”功能生成《雪山风景》效果图；接着应用素雅颜色的色彩风格，设置图像光照效果，应用明暗对比风格，以及设置画笔属性；最后使用“创意填充”功能更换天空并绘制飞鸟和艺术字。图 9-2 所示为本案例的制作思路。

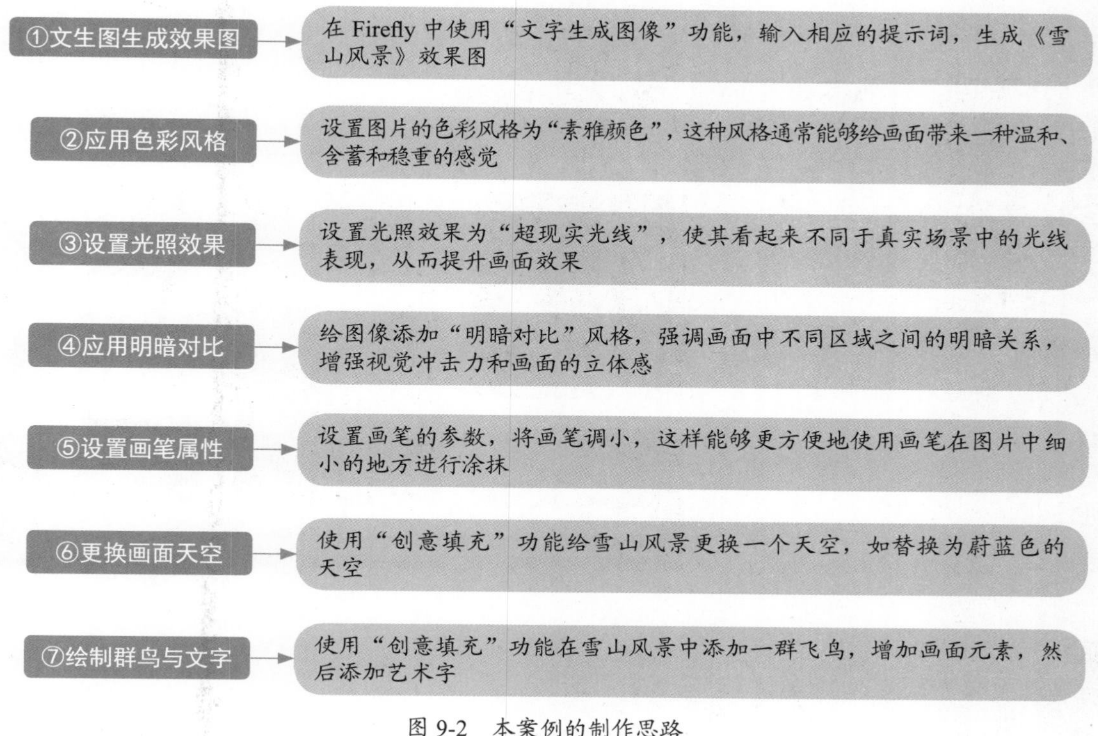


图 9-2　本案例的制作思路

### 9.1.4　知识讲解

光线会影响雪山的外观，阳光下的雪山可能闪耀着明亮的光芒，考虑到光线的角度、强度和颜色对雪山景观的影响，以及雪山周围的环境，如森林、湖泊或岩石等，这些元素能够增添真实感，并提供雪山所处环境的背景和比例。

### 9.1.5　要点讲堂

在 Adobe Firefly 中内置了多种“效果”样式，选择相应的图片类型可以制作出与众不同的图片效果。本章使用“明暗对比”效果强调物体的轮廓和纹理，让画面更加清晰和立体，使画面效果更加突出。

## 9.2　《雪山风景》制作步骤

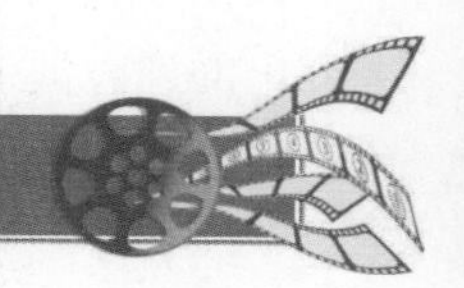

在使用 Firefly 生成雪山风景图片时，设置合适的参数，可以创造出更逼真且引人入胜的视觉效果。本实例主要介绍用关键词生成雪山风景图、应用色彩风格与光照效果、设置画笔大小与硬度属性、更换雪山天空以及在图中绘制群鸟与文字等内容。

## 9.2.1　用关键词生成雪山风景图

扫码看视频

下面介绍用关键词“一张具有雄伟山峰的雪山照片，风景摄影的风格，一幅白雪皑皑的风景，高精度，自然的照明，详细的渲染”生成雪山风景图的方法，具体操作步骤如下。

**STEP 01** 进入Adobe Firefly主页，在“文字生成图像”选项区中单击“生成”按钮，进入“文字生成图像”页面，输入相应关键词，单击“生成”按钮，如图9-3所示。

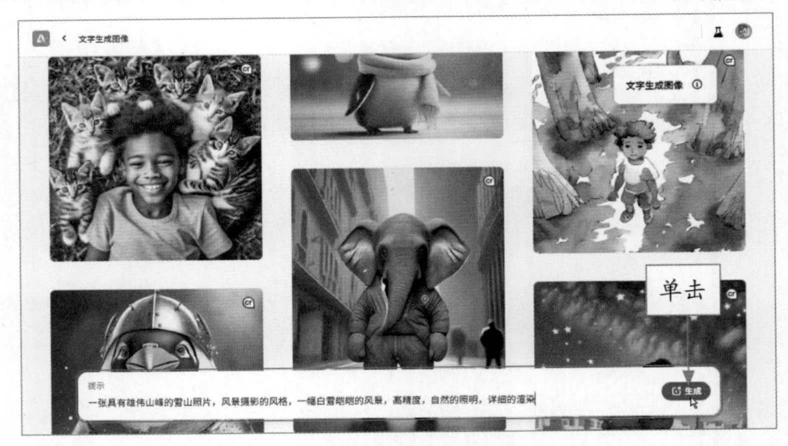


图9-3　单击“生成”按钮

**STEP 02** 执行操作后，Firefly将根据关键词自动生成4张雪山风景图，如图9-4所示。

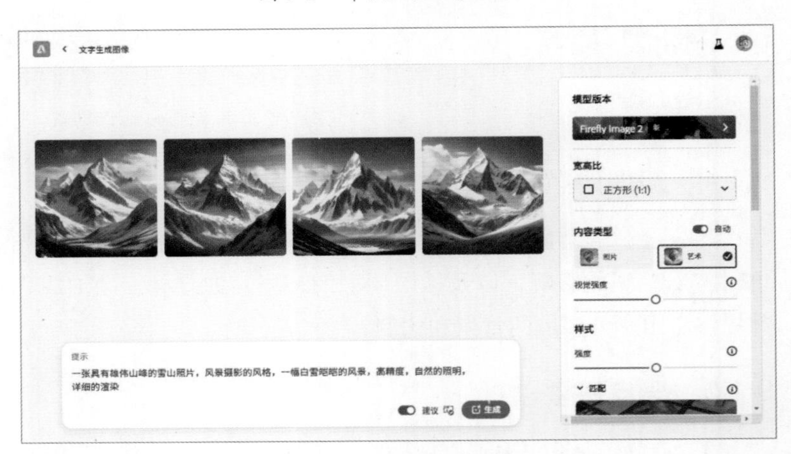


图9-4　生成4张雪山风景图

**STEP 03** 在页面的右侧，单击“宽高比”右侧的下拉按钮，在弹出的列表框中选择“宽屏（16:9）”选项，如图9-5所示。

图9-5　选择“宽屏（16:9）”选项

STEP 04 执行操作后，单击“生成”按钮，即可将图片调为 16:9 的比例，效果如图 9-6 所示。

图 9-6　将图片调为 16:9 的比例效果

STEP 05 在“内容类型”选项区中，单击“照片”按钮，如图 9-7 所示。

图 9-7　单击“照片”按钮

STEP 06 执行操作后，单击“生成”按钮，即可以“照片”模式重新生成更加逼真的图片效果，如图 9-8 所示。

图 9-8　以“照片”模式重新生成图片效果

STEP 07 在“合成”列表框中，选择“景观摄影”选项，如图 9-9 所示。

图 9-9　选择“景观摄影”选项

STEP 08 执行操作后，单击“生成”按钮，Firefly 将重新生成 4 张景观摄影效果的雪山风景图，如图 9-10 所示。

图 9-10　重新生成 4 张景观摄影效果的雪山风景图

## 9.2.2　应用素雅颜色的色彩风格

“素雅颜色”风格是指那些低调、典雅、深沉并且不张扬的颜色，这些颜色通常是经过深度沉淀的中性色调或具有柔和的明度，素雅颜色会呈现出一种温和、含蓄和稳重的感觉。下面介绍使用“素雅颜色”处理雪山风景图片的操作方法。

扫码看视频

STEP 01 在页面右侧的“颜色和色调”列表框中，选择“素雅颜色”选项，如图 9-11 所示。

图 9-11　选择“素雅颜色”选项

**STEP 02** 执行操作后，单击“生成”按钮，即可重新生成“素雅颜色”风格的雪山风景图片，效果如图 9-12 所示。

图 9-12　生成“素雅颜色”风格图片效果

> **专家指点**
>
> 在画面中使用素雅颜色，有助于营造出优雅、典雅的氛围，为雪山增添一种稳重、大气的感觉。这种优雅感可以使雪山更加引人入胜，同时能够让观者更专注于其壮丽和气势。

## 9.2.3　设置图像的光照效果

“超现实光线”指的是艺术作品或照片中表现出的非自然、夸张或超出现实的光线效果。这种光线效果通常是经过后期处理增强或改变了光线的属性，使其看起来不同于真实场景中的光线表现。下面介绍给图片设置“超现实光线”光照效果的方法。

扫码看视频

**STEP 01** 在页面右侧的“光照”列表框中，选择“超现实光线”选项，如图 9-13 所示。

图 9-13　选择“超现实光线”选项

**STEP 02** 执行操作后，单击“生成”按钮，即可重新生成图片，通过加强、扭曲或变形光线来达到超现实的效果，生成超现实光线的图片效果如图 9-14 所示。

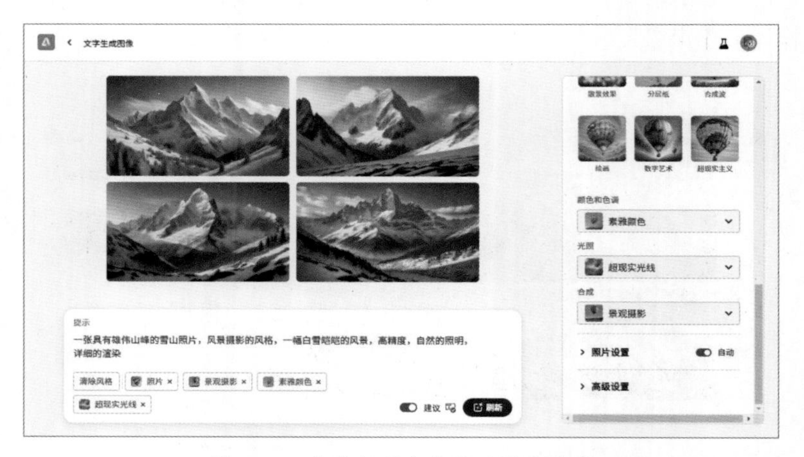


图 9-14　生成超现实光线的图片效果

## 9.2.4　应用明暗对比处理图片

“明暗对比”效果指的是图像或画面中明亮部分和暗淡部分之间的差异程度。这种对比效果是通过光线的强弱或颜色的明度差异来实现的，用于强调画面中不同区域之间的明暗关系，增强视觉冲击力和画面的立体感。下面介绍使用“明暗对比”效果处理图片的操作方法。

扫码看视频

STEP 01 在“效果”选项区的“技术”选项卡中，选择“明暗对比”选项，单击“生成”按钮，如图 9-15 所示。

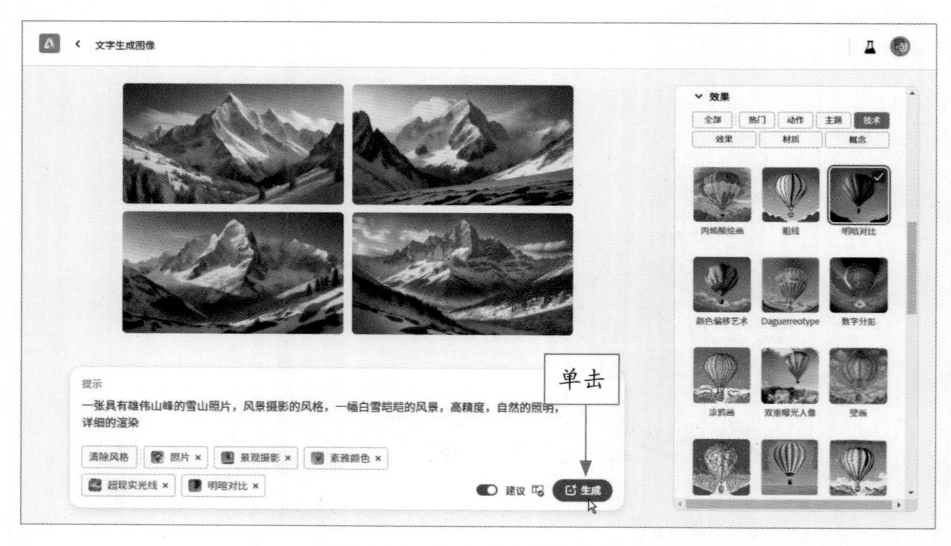


图 9-15　单击“生成”按钮

STEP 02 执行操作后，即可应用“明暗对比”效果处理图片，使画面中的明暗对比更强。这种对比效果增加了照片的层次感，如图 9-16 所示。

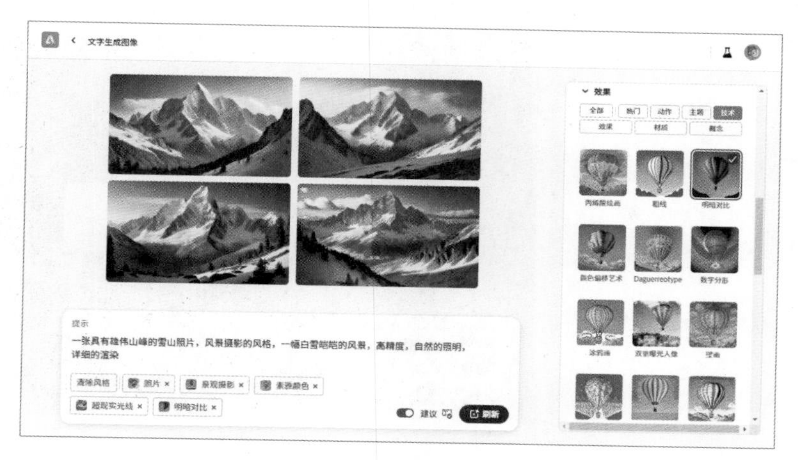


图 9-16　增加了照片的层次感

**STEP 03** 单击第 2 排第 2 张图片，即可放大预览图片效果，如图 9-17 所示。

图 9-17　放大预览图片效果

**STEP 04** 在放大预览效果图后，单击图片右上角的“更多选项”按钮，在弹出的列表框中选择“下载”选项，如图 9-18 所示。

图 9-18　选择“下载”选项

STEP 05 执行操作后，即可开始下载图片，如图 9-19 所示。

图 9-19 开始下载图片

STEP 06 待图片下载完成后，即可在文件夹中找到下载的文件效果，如图 9-20 所示。

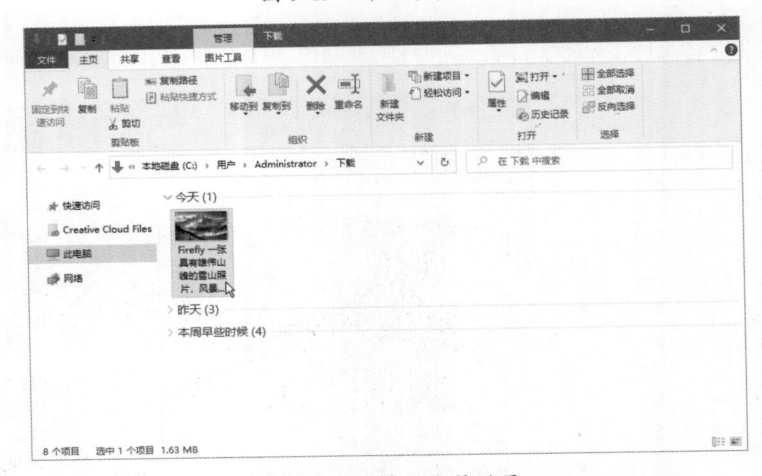

图 9-20 下载的文件效果

## 9.2.5 设置画笔大小与硬度属性

扫码看视频

接下来使用"创意填充"功能上传已完成的图像，然后设置画笔的参数，具体操作步骤如下。

STEP 01 进入 Adobe Firefly 主页，在"创意填充"选项区中单击"生成"按钮，如图 9-21 所示。

图 9-21 单击"生成"按钮

**STEP 02** 执行操作后，进入“创意填充”页面，单击“上传图像”按钮，如图 9-22 所示。

图 9-22　单击“上传图像”按钮

**STEP 03** 弹出“打开”对话框，选择上一节生成并处理好的效果图，如图 9-23 所示。

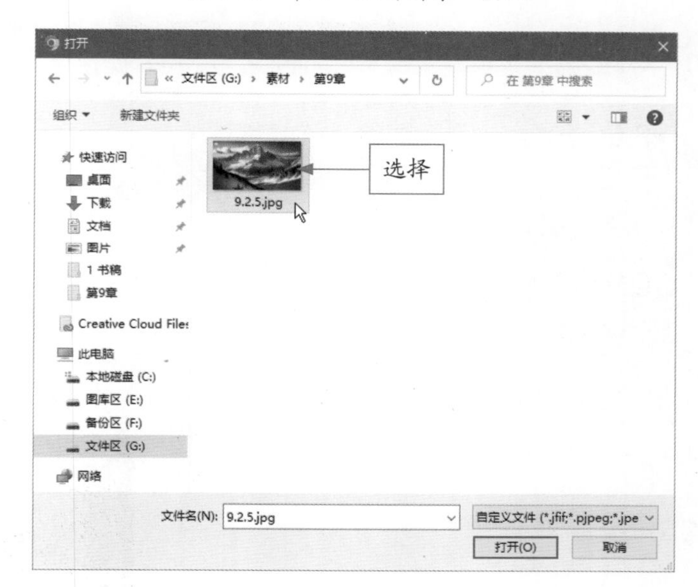


图 9-23　选择相应的效果图

**STEP 04** 单击“打开”按钮，即可上传素材图片并进入“创意填充”编辑页面，如图 9-24 所示。

图 9-24　上传素材图片并进入“创意填充”编辑页面

STEP 05 单击“设置”按钮，弹出列表框，拖曳“画笔大小”下方的滑块，直至参数显示为10%，如图9-25所示，将画笔调小。

STEP 06 拖曳“画笔硬度”下方的滑块，直至参数显示为35%，如图9-26所示。

图 9-25 设置画笔大小

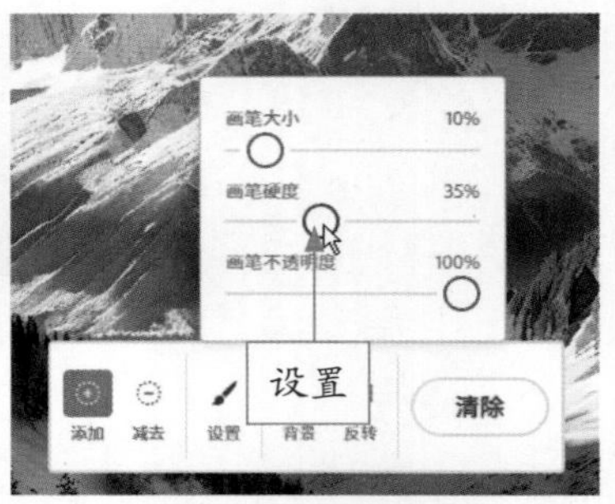


图 9-26 设置画笔硬度

## 9.2.6 给雪山风景图换一个天空

扫码看视频

设置完画笔参数后，接下来使用“添加”画笔工具对图像进行编辑，给雪山换一个天空，具体操作步骤如下。

STEP 01 在页面下方选择“添加”画笔工具，在图中的天空区域进行适当涂抹，如图9-27所示，涂抹的区域呈透明状态显示。

图 9-27 涂抹天空区域

STEP 02 在页面下方输入框中输入“蔚蓝色的天空”，然后单击“生成”按钮，如图9-28所示。

图 9-28 单击“生成”按钮

**STEP 03** 执行操作后，Firefly 将对涂抹的区域进行重新绘图，效果如图 9-29 所示。

图 9-29　对涂抹的区域进行重新绘图

**STEP 04** 在工具栏中可以选择不同的图像效果，如选择第 2 个图像效果，单击“保留”按钮，如图 9-30 所示。

图 9-30　单击“保留”按钮

**STEP 05** 执行操作后，即可应用生成的图像效果。用同样的方法，运用“添加”画笔工具再次对图像进行修复处理，效果如图 9-31 所示。

图 9-31　再次对图像进行修复处理的效果

## 9.2.7 在图像中绘制群鸟与文字

飞鸟在雪山背景中的飞行可以为画面增添生动感，赋予静态图像更多的活力和动态感，增加观赏性。飞鸟作为一个视觉参照物，能够帮助观者更好地感知雪山的规模和巨大，它们可以为画面增加一种尺度感，使雪山更显壮丽和雄伟。

添加艺术字可以改变文字的外观和呈现方式，能够使文字在视觉上更加吸引人，从而提高信息传递的效果，具体操作方法如下。

**STEP 01** 单击“设置”按钮，弹出列表框，拖曳“画笔硬度”下方的滑块，直至参数显示为0%，如图9-32所示，将画笔硬度调低。

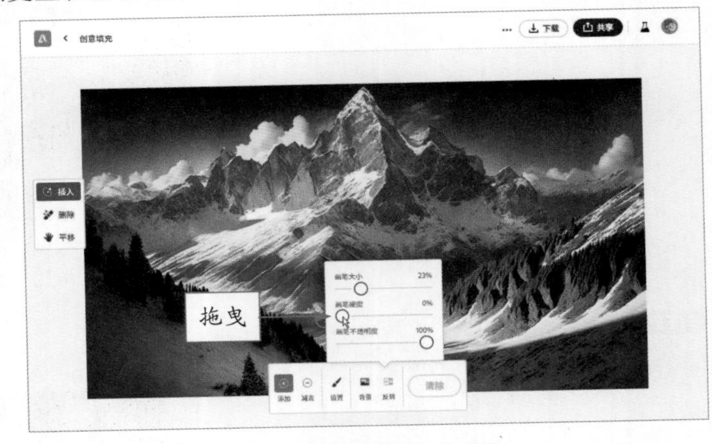


图 9-32 调整画笔的硬度

**STEP 02** 在页面下方选择“添加”画笔工具，在图片中合适的位置进行涂抹，如图9-33所示，涂抹的区域呈透明状态显示。

图 9-33 在合适的位置进行涂抹

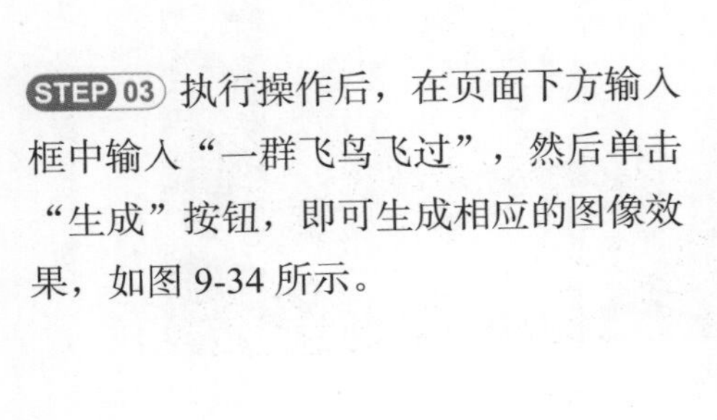

**STEP 03** 执行操作后，在页面下方输入框中输入“一群飞鸟飞过”，然后单击“生成”按钮，即可生成相应的图像效果，如图9-34所示。

图 9-34 生成飞鸟效果

**STEP 04** 如果用户对生成的图像效果不满意，可以单击页面下方的“更多”按钮，重新生成相应图像效果，如图 9-35 所示。随后单击页面右上角的“下载”按钮，即可下载图片。

图 9-35　重新生成图像效果

**STEP 05** 返回 Adobe Firefly 主页，在“文字效果”选项区中单击“生成”按钮，如图 9-36 所示。

图 9-36　单击“生成”按钮

**STEP 06** 进入“文字效果”页面，在输入框左侧输入文本 snow mountain（雪山），在输入框右侧输入关键词“雪花和冰露”，如图 9-37 所示。

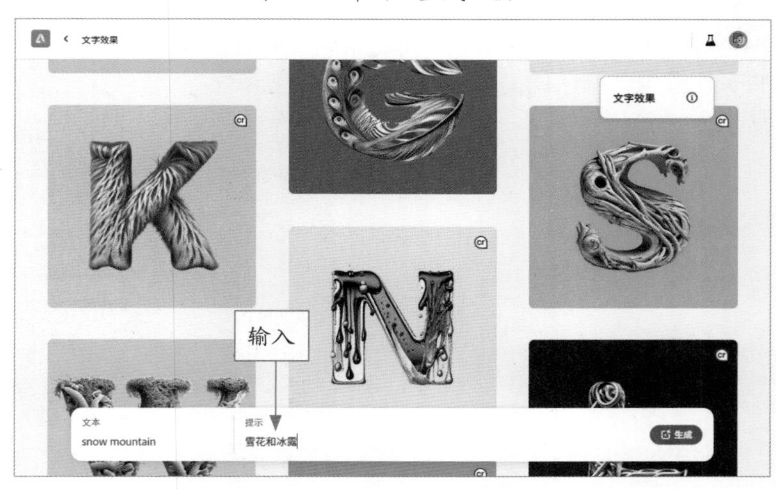


图 9-37　输入相应文本和关键词

STEP 07 单击“生成”按钮，即可生成相应的文字效果，在页面右侧的“匹配形状”选项区中，选择“松散”选项，即可应用“松散”文字效果，如图 9-38 所示。

图 9-38 应用“松散”文字效果

STEP 08 在页面右侧的“字体”选项区中，选择 Source Sans 3 选项，然后单击“生成”按钮，即可设置文字的字体效果，如图 9-39 所示。

图 9-39 设置 Source Sans 3 字体效果

STEP 09 设置完字体的参数后，将字体效果下载保存，如图 9-40 所示。

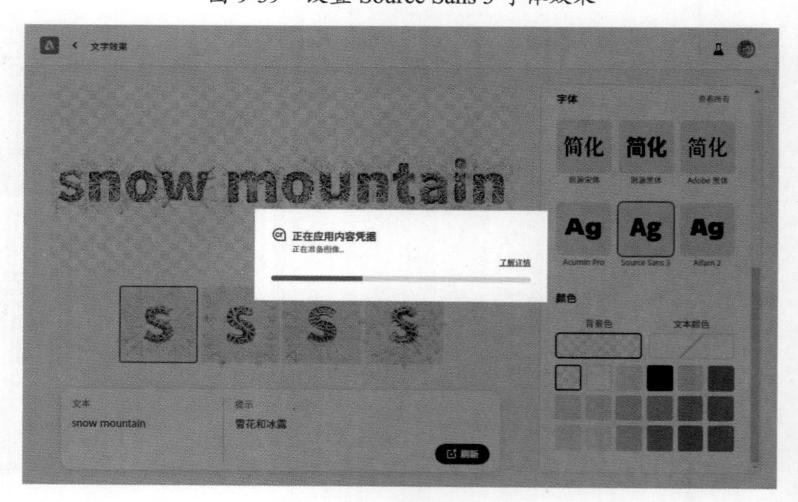


图 9-40 下载字体效果

STEP 10 用户可以使用其他软件（如 Photoshop）将艺术字插入雪山风景图当中，效果如图 9-41 所示。

图 9-41　插入艺术字效果

snow mountain